园林工程材料与应用图例

YUANLIN GONGCHENG CAILIAO
YU YINGYONG TULI

主　编　何礼华　朱之君

副主编　俞安平　曾　科

李利博　符志华

ZHEJIANG UNIVERSITY PRESS
浙江大学出版社

图书在版编目（CIP）数据

园林工程材料与应用图例 / 何礼华，朱之君主编.
--杭州：浙江大学出版社，2013.12（2024.7重印）
ISBN 978-7-308-11834-7

Ⅰ．①园…　Ⅱ．①何…　②朱…Ⅲ．①园林-工程
施工-建筑材料　Ⅳ．①TU986.3

中国版本图书馆CIP数据核字(2013)第240531号

园林工程材料与应用图例

何礼华　朱之君　主编

责任编辑　王元新
封面设计　杭州林智广告有限公司
出版发行　浙江大学出版社
　　　　　　（杭州天目山路148号　邮政编码：310007）
　　　　　　（网址：http://www.zjupress.com）
排　　版　杭州林智广告有限公司
印　　刷　浙江新华数码印务有限公司
开　　本　889mm×1194mm　1/16
印　　张　12.25
字　　数　405千
版 印 次　2013年12月第1版　2024年7月第8次印刷
书　　号　ISBN 978-7-308-11834-7
定　　价　70.00元

编 写 委 员 会

顾　问：汪建云（浙江省高职教育农林牧渔类教学指导委员会主任、二级教授）

　　　　金石声（浙江省风景园林学会、杭州市风景园林学会资深专家）

　　　　吴光洪（浙江省风景园林学会副理事长兼园林工程分会会长、杭州市园林绿化股份有限公司董事长）

主　任：朱之君（城乡建设全国理事会副理事长、浙江省花卉协会庭院植物与造景研究分会会长）

副主任：张炎良（中国风景园林学会园林工程分会副会长、城乡建设全国理事会理事、杭州市园林绿化股份有限公司总裁）

　　　　吴立威（浙江省高职教育园林专业指导委员会副主任、宁波城市职业技术学院景观生态环境学院院长）

　　　　汤书福（浙江省高职教育园林专业指导委员会秘书长、丽水职业技术学院建筑工程分院院长）

　　　　卢承志（杭州博古真智教育科技有限公司总经理）

委　员：何礼华[1]　盛维华[2]　米　伟[3]　胡仲义[4]　曾　科[5]　赵国富[6]
　　　　屠娟丽[7]　张瑞阳[8]　魏春海[9]　李宝昌[10]　崔怀祖[11]　宋朝伟[12]
　　　　郗亚微[13]　杨　帆[14]　符志华[15]　杨凯波[16]　昌正兴[17]　彭莉霞[18]
　　　　郑　淼[19]　韩春妮[20]　周文静[21]　李若飞[22]　孟　丽[23]　陶良如[24]
　　　　唐必成[25]　黄敏强[26]　何敏豪[27]

【[1]中国林科院亚热带林业研究所；[2]浙江万里学院；[3]天津农学院；[4]宁波城市职业技术学院；[5]丽水职业技术学院；[6]台州科技职业学院；[7]嘉兴职业技术学院；[8]金华职业技术学院；[9]杭州职业技术学院；[10]上海农林职业技术学院；[11]江西工程职业学院；[12]阜阳职业技术学院；[13]广安职业技术学院；[14]新疆应用职业技术学院；[15]重庆三峡职业学院[16]扬州市职业大学；[17]岳阳职业技术学院；[18]广东生态工程职业学院；[19]山西林业职业技术学院；[20]咸阳职业技术学院；[21]重庆建筑工程职业学院；[22]玉溪农业职业技术学院；[23]山东城市建设职业学院；[24]河南农业职业学院；[25]福建林业职业技术学院；[26]杭州凰家园林景观有限公司；[27]杭州富春湾新城基础设施建设有限公司】

主　　编：何礼华（中国林科院亚热带林业研究所）

朱之君（杭州凰家树人科技发展有限公司）

副　主　编：俞安平（杭州科技职业技术学院）

曾　科（丽水职业技术学院）

李利博（唐山职业技术学院）

符志华（重庆三峡职业学院）

参编人员：魏春海（杭州职业技术学院）

易　军（宁波城市职业技术学院）

张永玉（浙江广厦建设职业技术大学）

李宝昌（上海农林职业技术学院）

王　燚（山西林业职业技术学院）

杨凯波（扬州市职业大学园林学院）

崔怀祖（江西工程职业学院）

张晓红（甘肃林业职业技术学院）

温　和（黑龙江建筑职业技术学院）

摄　　影：何礼华　吴太康　汪世平　曾　科

前　言

　　按照现代人的理解，园林不只是作为游憩之用，而且具有保护和改善环境的功能。人们游憩在景色优美和安全清静的园林中，有助于消除长时间工作带来的紧张和疲乏，使脑力、体力得到恢复。依托园林景观开展的文化、游乐、健身、科普教育等活动，更可以丰富知识和充实精神生活。园林景观建设作为反映社会现代化水平与城市化水平的重要标志，是现代城市进步的重要象征，也是建设社会主义精神文明的重要窗口。

　　随着我国社会经济持续快速地发展和人们物质生活水平的不断提高，精神文化需求日趋旺盛，人们对生活环境的要求也不断提高，生态文明、美丽中国、建设高度社会主义精神文明已成为人们的美好愿景。"盛世造园"，园林行业得遇良机，园林建设队伍随之迅速扩大，园林企业对园林人才的数量需求与素质要求不断提高，从而对园林人才的培养提出了更高的要求。

　　园林工程材料的识别与应用能力是园林从业人员应当熟练掌握的专业能力，因为园林工程材料是园林工程的基础，在园林建设中能否合理地选用材料，直接影响到园林工程的质量、造价以及后期养护成本等。然而，目前在国内高校园林专业教育的教材中，尚缺乏以直观的彩色图片为主、按照园林工程施工流程进行分类编写的园林工程材料教材，在一定程度上影响了岗位能力的培养。

　　为提高园林工程材料应用能力方面的教学效果，使本书的内容更切合园林工程实际情况，本书编写委员会充分利用行业企业资源，以校企合作方式组织编写。在多位高校教授和国家级技术名师的指导下，由中国林科院亚热带林业研究所何礼华和杭州凰家树人科技发展有限公司朱之君担任主编；杭州科技职业技术学院俞安平、丽水职业技术学院曾科、唐山职业技术学院李利博、重庆三峡职业学院符志华担任副主编；参编人员有杭州职业技术学院魏春海、宁波城市职业技术学院易军、浙江广厦建设职业技术大学张永玉、上海农林职业技术学院李宝昌、山西林业职业技术学院王燚、扬州市职业大学园林学院杨凯波、江西工程职业学院崔怀祖、甘肃林业职业技术学院张晓红、黑龙江建筑职业技术学院温和。

本书是编者根据多年专业实践和教学经验，并结合国家现行的园林工程材料标准与设计规范等精心编写而成，内容翔实，系统性强。在结构体系上重点突出，详略得当，注意知识的融会贯通，突出了综合性的编写原则。全书图文并茂，直观易学，适用于园林技术、园林工程技术、环境艺术设计等专业的教学，也可以作为园林、环艺等相关专业人员的培训教材和参考用书。

在本书的编写过程中，参考了一些书籍、文献和网络资料，力求做到内容充实与全面。另外，在本书的编写和出版过程中，得到了许多专家和学者的热心指导与支持。在此谨向给予指导和支持的专家、学者以及参考书、网站资料的作者致以衷心的感谢。

由于园林工程材料涉及面广，内容繁多，且科技发展日新月异，本书很难全面反映其各个方面；加之编者的学识与经验有限，书中难免有疏漏或不妥之处，敬请业内专家和广大读者批评指正。

编　　者

二〇一三年十月

目　录

07 小品工程材料

08 装饰工程材料

09 绿化工程材料

园林工程材料基础知识

　　园林工程材料是园林景观建设的物质基础，也是表达景观设计理念的客观载体。随着现代科技的进步与发展，越来越多的先进技术被引用到园林景观设计与建设中。无论是施工工艺还是在景观创造方面，材料与现代科技的有机融合，大大增强了材料的表现力，使现代园林景观更富生机与活力。选择合适的园林工程材料是园林景观建设的关键，它不仅关系到设计意图的实现，还关系到工程的质量、工程的造价和后期的养护成本等问题。

一、园林工程材料的分类

　　园林工程材料主要分为四大类：基本建筑材料、水电安装材料、硬质装饰材料和软质绿化材料。

二、园林工程材料选择的原则

　　选择园林工程材料主要遵循科学、艺术和经济的原则。

1. 科学性

　　无论是材料的选择还是材料的运用，都要根据基本条件加以科学分析。如选择照明设施，不仅要考虑灯光的照度、色光、照射方向，还要考虑灯具的质感、色彩等；既要考虑节能环保和安全性，还要避免破坏景观整体的完美等。

2. 艺术性

　　园林工程建设在很大程度上是要为人们创造美好的环境，因此，选择材料时不仅要考虑其本身的美感，还要注意各种材料的和谐共融。如铺装作为一个项目的底色，往往决定着这个项目的基调，其它诸如亭、廊、桥、栏、台阶、座椅、指示牌及果皮箱等都要在这个基调上发挥，风格或古典，或现代，或粗犷，或细腻。

3. 经济性

　　园林作品在满足审美与使用要求的同时，还要兼顾其造价的经济性。塑石、木塑、干垒挡土墙、复合材料井盖等材料的面世，立刻被市场所接受，其中一个重要原因就是经济实惠。

三、园林工程材料的物理性质

1. 密度

　　材料在绝对密实状态下，单位体积的质量称为密度，单位为 g/cm^3。

　　材料在绝对密实状态下的体积，是指不包括孔隙在内的固体物质部分的体积，也称实体积。

　　测定固体材料的密度，须将材料磨成细粉（粒径小于 0.2mm），经干燥后采用排开液体法测得固体物质部分的体积。材料磨得越细，测得的密度值越精确。工程所使用的材料绝大部分是固体材料，如拌制混凝土的砂、石等，一般直接采用排开液体的方法测定其体积，即固体物质体积与封闭孔隙体积之和，此时测定的密度为材料的近似密度。

2. 表观密度

表观密度是指整体多孔材料在自然状态下单位体积的质量，也称体积密度，单位为 kg/m³。

整体多孔材料在自然状态下的体积，是指材料的固体部分体积与材料内部所含全部孔隙体积之和。对于外形规则的材料，其体积密度的测定只需测定其外形尺寸；对于外形不规则的材料，要采用排开液体法测定。但在测定前，材料表面应采用薄蜡密封，以防液体进入材料内部孔隙而影响测定值。

通常所指的表观密度（体积密度），是指干燥状态下的体积密度。一定质量的材料，孔隙越多，则体积密度值越小；材料体积密度大小还与材料含水多少有关，含水越多，其值越大。

3. 堆积密度

散粒状（粉状、粒状、纤维状）材料在自然堆积状态下，单位体积的质量称为堆积密度，单位为 kg/m³。

在建筑工程中，计算材料的用量、构件的自重、配料计算、确定材料堆放空间以及材料运输车辆时，都需要用到材料的堆积密度。

4. 孔隙率

孔隙率是指材料内部孔隙体积占自然状态下总体积的百分率。

孔隙按构造可分为开口孔隙和封闭孔隙两种；按尺寸的大小又可分为微孔、细孔和大孔三种。材料孔隙率大小、孔隙特征会对材料的性质产生一定的影响，如材料的孔隙率较大，且连通孔较少，则材料的吸水性较小，强度较高，抗冻性和抗渗性较好，导热性较差，保温隔热性较好。孔隙率一般是通过试验确定的材料密度和体积密度求得。

5. 空隙率

空隙率是指散粒材料（如砂、石等）颗粒之间的空隙体积占材料堆积体积的百分率。

空隙率与填充率是相互关联的两个性质，空隙率的大小可直接反映散粒材料的颗粒之间相互填充的程度。散粒状材料的空隙率越大，则填充率越小。在配制混凝土时，砂、石的空隙率是作为控制集料级配与计算混凝土砂率的重要依据。

6. 密实度

密实度是指材料内部固体物质填充的程度。

材料的密实度与孔隙率是相互关联的性质，材料孔隙率的大小可直接反映材料的密实程度。孔隙率越大，则密实度越小。

7. 亲水性与憎水性

亲水性是指材料表面能被水润湿的性质；憎水性是指材料表面不能被水润湿的性质。

8. 吸水性

吸水性是指材料在水中吸收水分的性质。吸水性的大小用吸水率表示，吸水率有两种表示方法，即质量吸水率和体积吸水率。

质量吸水率是指材料在吸水饱和时，所吸收水分的质量占材料干质量的百分率。

体积吸水率是指材料在吸水饱和时，所吸收水分的体积占干燥材料总体积的百分率。

材料吸水率的大小，不仅与材料的亲水性或憎水性有关，还与材料的孔隙率和孔隙特征有关。常用的建筑材料，其吸水率一般采用质量吸水率表示；对于某些轻质材料，如加气混凝土、木材等，由于其质量吸水率往往超过100%，一般采用体积吸水率表示。

9. 吸湿性

吸湿性是指材料在潮湿空气中吸收水分的性质。吸湿性的大小用含水率表示。

材料的含水率随空气的温度、湿度变化而改变。材料既能在空气中吸收水分，也能向外界释放水分，当材料中的水分与空气的湿度达到平衡时，此时的含水率就称为平衡含水率（材料的含水率多指平衡含水率）。当材料内部孔隙吸水达到饱和时，材料的含水率等于吸水率。材料吸水后，会导致自重增加、保温隔热性能降低、强度和耐久性产生不同程度的下降。材料含水率的变化会引起体积的变化，从而影响材料的使用。

10. 耐水性

材料长期在饱和水作用下不破坏，强度也不显著降低的性质称为耐水性。材料耐水性用软化系数 $K_{软}$ 表示。

软化系数的大小反映材料在浸水饱和后强度降低的程度。材料被水浸湿后，强度一般会有所下降，因此软化系数为0~1。软化系数越小，说明材料吸水饱和后的强度降低越多，其耐水性越差。工程中将 $K_{软} > 0.85$ 的材料称为耐水性材料。对于经常位于水中或潮湿环境中的重要结构的材料，必须选用 $K_{软} > 0.85$ 的耐水性材料；对于用于受潮较轻或次要结构的材料，其软化系数不宜小于0.75。

11. 抗渗性

抗渗性是指材料抵抗压力水渗透的性质，通常采用渗透系数表示。渗透系数是指一定厚度的材料，在单位压力水头作用下，单位时间内透过单位面积的水量，单位为 cm/h。

渗透系数反映了材料抵抗压力水渗透的能力，渗透系数越大，则材料的抗渗性越差。

对于混凝土和砂浆，其抗渗性常采用抗渗等级表示。抗渗等级是以规定的试件，采用标准的试验方法测定试件所能承受的最大水压力来确定的。

材料抗渗性与其孔隙率和孔隙特征有关，孔隙率小的材料具有较好的抗渗性。对于地下建筑、压力管道、水工构筑物等工程部位，因为经常受到压力水的作用，所以要选择具有良好抗渗性的材料。作为防水材料，则要求其具有更高的抗渗性。

12. 抗冻性

材料在吸水饱和状态下，能经受多次冻融循环作用而不破坏，且强度也不显著降低的性质，称为抗冻性。材料的抗冻性用抗冻等级表示。抗冻等级是以规定的试件，采用标准试验方法，测得其强度降低不超过规定值，并无明显损害和剥落时所能经受的最大冻融循环次数来确定。

材料抗冻性的好坏，取决于材料的孔隙率、孔隙的特征、吸水饱和程度和自身的抗拉强

度。材料的变形能力大，强度高，软化系数大，抗冻性就较高。一般认为，软化系数小于
0.80 的材料，其抗冻性较差。在寒冷地区及寒冷环境中的建筑物或构筑物，必须要考虑所选
择材料的抗冻性。

13. 导热性

当材料两侧存在温差时，热量将从温度高的一侧通过材料传导到温度低的一侧，材料这
种传导热量的能力称为导热性。材料导热性的大小用导热系数表示。导热系数是指厚度为 1m
的材料，当两侧温差为 1K 时，在 1s 内通过 $1m^2$ 面积的热量。

材料的导热性与孔隙率大小、孔隙特征等因素有关。孔隙率较大的材料，内部空气较多，
由于密闭空气的导热系数很小，故其导热性较差。材料受潮以后，水分进入孔隙，水的导热
系数比空气的导热系数高很多，从而使材料的导热性大大增加。

建筑物应具有良好的保温隔热性能。保温隔热性和导热性都是指材料传递热量的能力，
在工程中常把 $1/\lambda$ 称为材料的热阻，用 R 表示。材料的导热系数越小，其热阻越大，则材料
的导热性能越差，其保温隔热性能越好。

四、园林工程材料的力学性质

1. 强度和硬度

材料在荷载（外力）作用下抵抗破坏的能力称为材料的强度。硬度是指材料表面抵抗其
它物体压入或刻划的能力。

当材料受到外力作用时，其内部就产生应力，荷载增加，所产生的应力也相应增大，直
至材料内部质点间结合力不足以抵抗所作用的外力时，材料即发生破坏。材料破坏时，达到
应力极限，这个极限应力值就是材料的强度，又称为极限强度。

强度的大小直接反映材料承受荷载能力的大小。由于荷载作用形式不同，材料的强度主
要有抗压强度、抗拉强度、抗弯（抗折）强度及抗剪强度等。

材料的强度等级是按照材料的主要强度指标而划分的级别。

对不同材料要进行强度大小的比较，可采用比强度。比强度是指材料的强度与其体积密
度之比，它是衡量材料强度的一个主要指标。

2. 弹性和塑性

弹性是指材料在外力作用下产生变形，当外力取消后，能够完全恢复原来形状的性质。
这种变形称为弹性变形，其大小与外力成正比。不能自动恢复原来形状的性质称为塑性，这
种不能恢复的变形称为塑性变形，塑性变形属永久性变形。

完全弹性材料是不存在的。一些材料在受力不大时只产生弹性变形，而当外力达到一定
限度后，即产生塑性变形。很多材料在受力时，弹性变形和塑性变形同时产生。

3. 脆性和韧性

（1）脆性是指材料受外力作用，当外力达到一定限度时，材料突然发生破坏，且破坏时
无明显塑性变形，这种性质称为脆性。具有脆性的材料称为脆性材料。脆性材料的抗压强度

远大于其抗拉强度，因此，其抵抗冲击荷载或振动荷载作用的能力很差。建筑材料中大部分无机非金属材料均为脆性材料，如混凝土、天然岩石、砖瓦、陶瓷、玻璃等。

（2）韧性是指材料在冲击荷载或振动荷载作用下，能吸收较大的能量，同时产生较大的变形而不被破坏的性质。材料的韧性用冲击韧性指标表示。

在建筑工程中，对于要求承受冲击荷载和有抗振要求的结构，如吊车梁、桥梁、路面等所用材料，均应具有较高的韧性。

4. 耐久性和耐磨性

材料在使用过程中能长久保持其原有性质的能力为耐久性。耐磨性是指材料表面抵抗磨损的能力，通常用磨损率表示。

材料在使用过程中，除受到各种外力作用外，还长期受到周围环境因素和各种自然因素的破坏作用，主要有以下几个方面。

（1）物理作用

物理作用包括环境温度、湿度的交替变化，即冷热、干湿、冻融等循环作用。材料经受这些作用后，将发生膨胀、收缩或产生应力，长期反复作用，将使材料逐渐破坏。

（2）化学作用

化学作用包括大气和环境水中的酸、碱、盐等溶液或其它有害物质对材料的侵蚀作用，以及日光、紫外线等对材料的作用。

（3）生物作用

生物作用包括菌类、昆虫等的侵害作用，完全导致材料发生腐朽、虫蛀等而被破坏。

（4）机械作用

机械作用包括荷载的持续作用，交变荷载对材料引起的疲劳、冲击、磨损等。

耐久性是对材料综合性质的一种评述，它包括如抗冻性、抗渗性、抗风化性、抗老化性、耐化学腐蚀性等内容。对材料耐久性进行可靠的判断，需要很长的时间。一般采用快速检验法，这种方法是模拟实际使用条件，将材料在试验室进行有关的快速试验，根据试验结果对材料的耐久性作出判定。在试验室进行快速试验的项目主要有冻融循环、干湿循环、碳化等。

提高材料的耐久性，对节约建筑材料、保证建筑物长期正常使用、减少维修费用、延长建筑物使用寿命等，具有重大意义。

五、园林工程材料的发展

在我国古代园林中，多用掇山叠石来营造景观，园林建筑也多为木结构，因而常用的材料多为石材、木材、砖、瓦、卵石等。在这些材料中占最重要地位的是石材，从掇山置石到园路铺砌以及园林建筑的建造都大量应用石材。但同样是选景石，南方园林中常用太湖石、黄石，而北方园林则是选用北太湖石、青石。这主要是受地理、交通条件的限制，选材加工多是就地取材，也因此形成不同地域的不同园林特色。封建制度的等级性也限制了不同园林的选材与用材规格，如园林建筑的样式规格，假山水池的规模，选用砖、瓦的颜色等，这就

是北方皇家园林与南方私家园林形成两种不同风格的原因之一。

　　传统意义上的材料，如石材、木材、砖瓦等，在现代园林中仍然焕发着生命力。以石材为例，现代工程技术的发展，使其在保留原有的掇山、置石、营造园林建筑等功能的基础上，还被用作许多建筑、道路、小品等构筑物的面层装饰。

　　随着社会的进步，在沿用传统园林材料的同时，越来越多的传统材料有了新的应用方式，被开发、应用到园林中。例如，用于地面铺装的传统灰瓦、用于园林建筑饰面的石材、用于各种小品装饰的陶罐缸缶器具等，都是根据新的设计理念与方法具有了新的功能。由陶瓷面砖、陶板、锦砖等镶拼制成的陶瓷壁画，其表面可以做成平滑或浮雕花纹的图案，将绘画、书法、雕刻等艺术融为一体，艺术价值很高；运用不同色彩的陶瓷砖在水池底铺成图案，大大增强了水池的景观表现力；采用陶瓷透水砖铺设的场地能使雨水快速渗透到地下，增加地下水含量，因此其在缺水地区应用较为广泛；混凝土凭其良好的可塑性和经济实用性等优点，也受到广大使用者的青睐。

　　由于科技的发展与大众审美观念的变化，在现代园林建设中各种新工艺、新材料层出不穷。例如，原本较少用于传统园林中的玻璃、金属等材料的广泛应用；在园林道路、景墙、水池等不同景观中采用的马赛克砖、渗水砖、陶瓷砖等不同铺装材料；在瀑布、喷泉、壁泉、雾泉等景观中带来不同效果的各种水处理设备；为普通路面带来特殊视觉效果与良好使用性能的彩色混凝土、压印混凝土、混凝土路面砖；营造出丰富夜景的环保光纤灯、太阳能灯等。

　　现代园林的生态保护、生态修复方面的功能也要求更多地采用新技术、新工艺。如城市供水和中水利用、城市雨水的收集和使用、太阳能的利用、水环境生态净化等都需要并将促进新科技在园林中的应用。随着科技的发展与进步，园林材料种类不断丰富、应用不断拓展是一种必然的趋势。园林建设者在选用材料的过程中，一方面要坚持因地制宜、就地取材的基本原则，另一方面也要有与时俱进的精神，敢于推陈出新，不断探索和尝试新材料的使用与推广。

01 基本建筑材料

JIBEN JIANZHU CAILIAO

园林工程基本建筑材料是指构成园林建筑物或构筑物的地下基础、地面、梁、柱、墙体、屋面及防水所用的材料。按材质与用途可分为金属材料、墙体材料、胶凝材料、砂石、混凝土、防水材料等。

1.1 金属材料

金属材料的分类

金属材料一般分为黑色金属和有色金属两大类。

黑色金属，又称铁金属，包括生铁、铁合金、铸铁和钢（熟铁）；钢按化学成分可分为碳素钢和合金钢。

有色金属是指黑色金属（铁金属）以外的其它金属（如铝、铜、铅、锌、锡）及其合金。

金属材料的优缺点

（1）优点：有光泽，坚硬，抗腐蚀能力强，富有延展性、导热性、导电性，且加工手段丰富，可塑性强。

（2）缺点：传热快，不宜做人们经常触摸的露天公共设施。

1.1.1 铁、铁合金、铸铁

1. 生　铁

生铁是含碳量大于 2.1% 的铁碳合金，工业生铁含碳量一般在 2.5%~4%，并含硅、锰、硫、磷等元素，是用铁矿石经高炉冶炼而成的产品。其分为炼钢生铁、铸造生铁、球墨铸造生铁等。

2. 铁合金

铁合金是由铁元素（不小于 4%）和一种以上（含一种）其它金属或非金属元素组成的合金。常用的铁合金有硅铁、锰铁、铬铁、钨铁、钼铁、钛铁、硼铁、硅钙合金等。

3. 铸　铁

铸铁是含碳量大于 2.1% 的铁碳合金，它是将铸造生铁在炉中重新熔化，并加进铁合金、废钢、回炉铁调整成分得到的。常用的铸铁有白口铸铁、灰口铸铁、可锻铸铁、球墨铸铁等。

铸铁与生铁的区别：铸铁是二次加工，大多加工成铸铁件。

铸铁件具有优良的铸造性，加工工艺多样，花纹丰富，在铁桥、花架、栅栏、工艺门、路灯、庭园灯、座椅、垃圾箱等景观小品中广泛应用。

▲铸铁椅子

▲铸铁座椅

▲铸铁栅栏

▲铸铁铁桥

▲铸铁灯柱

1.1.2 钢、不锈钢

1. 钢　材

钢材是园林工程中不可缺少的材料，如钢骨架、金属构件和装饰品等。

常用园林建筑钢材有型钢、碳素结构钢、低合金结构钢、热轧钢筋、冷拉钢筋、低碳热轧圆盘条、钢丝、钢绞线等。

（1）型钢：是由钢锭在加热条件下加工而成的不同截面的钢材，有圆钢、方钢、扁钢、六角钢、角钢、槽钢、工字钢等。根据规格不同又分为大型型钢、中型型钢及小型型钢三种。

1）大型型钢：圆钢、方钢、六角钢、八角钢——直径或对边距离≥81mm；

　　　　　　扁钢——宽度≥101mm；

　　　　　　工字钢、槽钢——高度≥181mm；

　　　　　　等边角钢——边宽≥150mm。

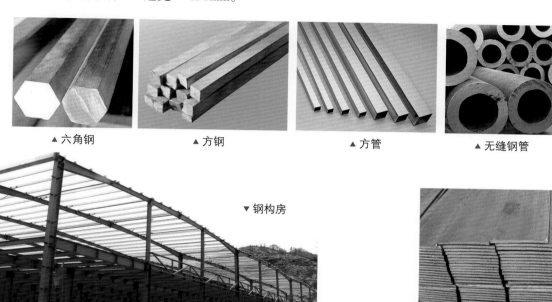

▲六角钢　　　　　▲方钢　　　　　▲方管　　　　　▲无缝钢管

▼钢构房

▶扁钢

2）中型型钢：圆钢、方钢、六角钢、八角钢——直径或对边距离为38~80mm；

　　　　　　扁钢——宽度为60~100mm；

　　　　　　工字钢、槽钢——高度为100~180mm；

　　　　　　等边角钢——边宽为50~149mm；

　　　　　　不等边角钢——边宽为40mm×60mm~99mm×149mm。

▲U形钢　　　▲角钢　　　▲工字钢　　　▲圆钢管　　　　　▲钢板

3）小型型钢：圆钢、方钢、螺纹钢、六角钢、八角钢——直径或对边距离为10~37mm；

　　　扁钢——宽度≤59mm；

　　　等边角钢——边宽为20~49mm；

　　　不等边角钢——边宽为20mm×30mm~39mm×59mm。

（2）线材：直径5~9mm的盘条及直线材（由轧钢机热轧的），

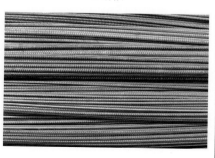

▶螺纹钢

包括普通线材和优质线材（由拉丝机冷拉的），不论直径大小均包括在内。

（3）钢带：冷轧和热轧成卷供应的长钢板（如轻钢龙骨）。

（4）薄钢板：厚度≤4mm的钢板，还包括镀层薄钢板（如镀锌、镀锡、镀铝等）、不锈钢板等。

（5）中厚钢板：厚度>4mm的钢板。

（6）钢管：包括有缝钢管、无缝钢管、镀锌钢管等。

▲圆钢　　　　　　　　▲钢丝　　　　　　　▲镀锌钢管

2. 不锈钢

不锈钢是指在大气及弱腐蚀介质中耐蚀的钢。腐蚀速率小于0.01mm/年，就认为是"完全耐蚀"的；腐蚀速率小于0.1mm/年，就认为是"耐蚀"的。

不锈钢的特性为坚固、不锈蚀、抵抗风吹日晒能力强，适合室外环境设施的造型，广泛应用于公交车站、广告牌、标志牌、雕塑、花架、休息亭等景观小品。

▲不锈钢圆管

▲不锈钢雕塑

1.1.3　铝、铝合金

铝是有色金属中的轻金属，银白色，质轻，密度只有钢或铜的三分之一左右，是各种轻结构的基本材料之一。其化学性质活泼，有很好的传导性，对热和光反射良好，有防氧化作用，耐腐蚀性强，无磁性，极有韧性，便于铸造加工。

▲铝板

铝的缺点是其强度较低。为了提高铝的实用价值，常在铝中加入适量的镁、锰、硅、铜、锌等元素组成铝合金。铝加入合金元素后，一般机械性能明显提高，并仍能保持铝质量轻、耐腐蚀、易加工的固有特性，所以使用也更加广泛，不仅用于景观装饰，还能用于景观结构。

▲铝合金制品　　　　▲铝合金移门

常用建筑铝合金制品有铝合金花纹板、铝合金压型板、铝合金波纹板、铝合金龙骨、铝合金冲孔平板等。

1.1.4 铜、铜合金

铜在自然界储量非常丰富，它和金是仅有的两种带有灰、白、黑以外颜色的金属。

铜的表面光滑，光泽中等，具有良好的导电性、传热性、延展性及耐蚀性，经久耐用，并可以回收。

常用铜材有紫铜（纯铜）、黄铜（铜和锌的合金）、青铜（铜和锡的合金）、红铜（铜和金的合金）等。

铜及铜合金的延展性好，不易生锈，且有良好的加工性，可以方便地制作成各种复杂的形状，而且还有美观的色彩，经磨光处理后可制成亮度很高的镜面铜，因而很适合于用作景观装饰，在园林工程中常用于雕塑、浮雕、灯具、栏杆等。黄铜粉（俗称金粉）常用于调制装饰涂料，代替"贴金"。

铜是贵重的有色金属，在园林工程中尽可能少用，可采用铝及其它材料代替。

▲ 紫铜线

▲ 紫铜管　▲ 紫铜制品　▲ 紫铜雕塑

▲ 黄铜圆条　▲ 黄铜法兰截止阀　▲ 青铜诗碑　▲ 青铜制品

1.2 墙体材料

　　墙体在建筑中起承重或围护或分隔的作用，砌筑墙体的材料对建筑物的自重、成本、功能及建筑能耗等有直接的关系。用于墙体材料的品种较多，目前常用的有砖、砌块、石块、木材、玻璃以及新型墙体材料等。

1.2.1 砌墙砖材

　　砌墙砖是建筑中主要的墙体材料，具有一定的抗压和抗折强度，外形多为直角六面体。
　　砌墙砖是以黏土、工业废渣和地方性材料为主要原料，由不同的生产工艺制成的。按照生产工艺可以分为烧结砖和非烧结砖。其主要品种有烧结普通砖、烧结多孔砖、烧结空心砖和蒸养（压）砖等。

1. 烧结普通砖

　　烧结普通砖是以黏土、页岩、煤矸石或粉煤灰等为主要原料，经成型、焙烧而成的实心或孔洞率不大于 15% 的砖。

　　焙烧是制砖的关键过程，焙烧时火候要适当、均匀，以免出现欠火砖或过火砖。在焙烧时，若使窑内氧气充足，则烧得红砖；若在焙烧的最后阶段使窑内缺氧，则烧得青砖。青砖比红砖结实、耐久，但价格比红砖高。

　　按使用原料不同，烧结普通砖可分为烧结普通黏土砖（N）、烧结页岩砖（Y）、烧结煤矸石砖（M）、烧结粉煤灰砖（F）。

　　按抗压强度分为 MU30、MU25、MU20、MU15、MU10 五个强度等级。

▲ 烧结普通砖

　　烧结普通砖的外形为直角六面体（又称矩形体），长 240mm，宽 115mm，高 53mm。一块砖，240mm×115mm 的面为大面，240mm×53mm 的面为条面，115mm×53mm 的面为顶面。通常 $1m^3$ 的砌体约有 512 块砖，其表观密度为 1600~1800kg/m^3。

　　烧结普通砖为传统墙体材料，具有较高的强度和耐久性以及良好的保温、隔热、隔声、吸声性能，可用于承重或非承重的内外墙、柱、拱、沟道及基础等。但因块体小，施工效率低，而且自重大，能耗高，所用原料黏土需毁田取土，挤占耕地，因此在建筑业中应当尽量减少使用烧结普通砖，而采用其它墙体材料来代替。

2. 烧结多孔砖和烧结空心砖

　　烧结多孔砖是以黏土、页岩、煤矸石等为主要原料，经成型、焙烧而成。其特点为大面有孔，孔多而小，孔洞垂直于受压面；孔洞率在 15% 以上，表观密度约为 1400kg/m^3。其主要应用于砌筑 6 层以下的承重墙。

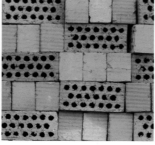

▲ 烧结多孔砖　　　　　　　　　　　　　　　　　　▲ 烧结空心砖

烧结空心砖是以黏土、页岩、煤矸石等为主要原料，经成型、焙烧而成。其特点为顶面有孔，孔大而少，孔洞为矩形条孔或其它孔形，平行于大面和条面；孔洞率在35%以上，表观密度为800~1100kg/m³。其主要应用于砌筑非承重墙。

烧结多孔砖与烧结空心砖比较：①烧结空心砖比烧结多孔砖的孔隙率大；②两者开孔方向不同；③两者空洞数量不同，烧结多孔砖的空洞比烧结空心砖多；④应用范围不同：烧结多孔砖可用于承重墙，烧结空心砖用于非承重墙；⑤强度等级不同，烧结多孔砖的五个等级是：MU30、MU25、MU20、MU15、MU10；烧结空心砖的五个等级是：MU10.0、MU7.5、MU5.0、MU3.5、MU2.5。

3. 蒸养（压）砖

（1）**灰砂砖**：是由磨细生石灰粉、天然砂和水按一定的配比，经搅拌混合、陈伏、加压成型，再经蒸压养护而成。

（2）**粉煤灰砖**：是以粉煤灰、石灰为主要原料，掺合适量石膏和集料，经坯料制备、压制成型、常压或高压蒸汽养护而成的实心砖。

（3）**炉渣砖（煤渣砖）**：是以煤燃烧后的炉渣为主要原料，加入适量石灰、石膏和水搅拌均匀，并经陈伏、轮碾、成型、蒸汽养护而成，呈黑灰色。

▲ 粉煤灰砖　　　　▲ 炉渣砖

▶ 灰砂砖

4. 混凝土砌块

混凝土砌块是用混凝土制成的，用于砌筑的人造块材。外形多为直角多边形，也有异形的。按空心率大小分为实心砌块和空心砌块，空心率小于25%或无空洞的砌块为实心砌块，空心率大于25%的砌块为空心砌块。

（1）**粉煤灰实心砌块**：以粉煤灰、石灰、石膏和集料等为原料，经加水搅拌、振动成型、蒸汽养护而成的密实砌块。可用于一般性墙体和基础。

（2）**混凝土空心砌块**：是由水泥、粗细集料经装模、振动（或冲压）成型，并经养护而成。可用于低层和中层建筑的内外墙及围护结构的砌筑。

（3）**蒸压加气混凝土砌块**：以钙质材料、硅质材料、加气剂以及少量调节剂为原料，经配料、搅拌、浇筑成型、切割和蒸压养护而成的多孔轻质块体材料。

▲ 粉煤灰空心砌块　　　　▲ 混凝土空心砌块　　　　▲ 蒸压加气混凝土砌块

1.2.2　砌墙石材

在我国园林工程中，石材应用比较广泛，主要用于建筑基础、砌筑墙体以及面层装饰等。石材包括天然石材和人造石材。

1. 石材的基本性质

（1）石材的表观密度

石材按表观密度大小可以分为重石与轻石两类。重石的表观密度大于 $1800kg/m^3$，轻石的表观密度小于 $1800kg/m^3$。

重石可用于建筑的基础、地面、贴面、不采暖房屋外墙、桥梁及水工构筑物等；轻石主要用于采暖房屋外墙。

（2）石材的强度等级

石材的强度等级可以分为：MU100、MU80、MU60、MU50、MU40、MU30、MU20。

石材的强度等级可以用边长为 70mm 的立方体试块的抗压强度表示。抗压强度取 3 个试件破坏强度的平均值。

（3）石材的抗冻性

石材的抗冻性指标用冻融循环次数表示，在规定的冻融循环次数（15、20 或 50 次）时，无贯穿裂缝，质量损失不超过 5%，且强度降低不大于 25% 时，认为抗冻性合格。

石材的抗冻性主要取决于矿物成分、结构及其构造。应根据石材使用条件，选择相应的抗冻指标。

（4）石材的耐水性

石材的耐水性按软化系数可以分为高、中、低三等。

1）高耐水性的石材软化系数大于 0.9。

2）中耐水性的软化系数为 0.7~0.9。

3）低耐水性的软化系数为 0.6~0.7。

一般软化系数低于 0.6 的石材，不允许用于重要建筑。

2. 石材的类型

（1）天然石材

天然石材是指采自天然岩石，未经加工或经加工的石材的总称。

1）砌筑石材

用于砌筑工程的石材，主要有毛石、料石等。

①毛石——形状不规则的天然石材，主要用于砌筑基础、勒脚、墙身、挡土墙、堤岸及护坡等。砌筑用毛石一般要求中部厚度不小于 150mm，长度为 300~400mm，质量为 20~30kg，抗压强度应在 10MPa 以上，软化系数应大于 0.80。

②料石——经过加工后形状比较规则的六面体石材，主要用于砌筑基础、石拱、台阶、勒脚、墙体等。按表面加工的平整度，将料石分为：

　a. 毛料石——叠砌面凹凸深度不大于 25mm；

　b. 粗料石——叠砌面凹凸深度不大于 20mm；

　c. 半细料石——叠砌面凹凸深度不大于 15mm；

▲ 毛石砌筑挡土墙

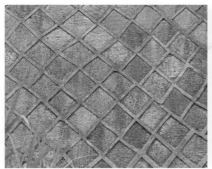

▲料石砌筑挡土墙

▲▶料石砌筑挡土墙

    d. 细料石——叠砌面凹凸深度不大于 10mm。

    2）饰面石材

    饰面石材是指从天然岩体中开采出来，经加工形成块状或板状，主要用于建筑表面装饰和保护作用的石材。目前常用的主要有天然大理石和天然花岗岩两大类。

    关于饰面石材的具体品种，将在本书第 8 章（装饰工程材料）中作详细介绍。

    （2）人造石材

    人造石材是指人造大理石和人造花岗岩，属于水泥混凝土或聚酯混凝土的范畴。

    人造石材是以大理石碎料、石英砂、石粉等集料，拌和树脂、聚酯等聚合物或水泥黏结剂，经过真空强力拌和振动、加压成型、打磨抛光以及切割等工序制成的板材。

    关于人造石材的具体品种，也在本书第 8 章（装饰工程材料）中作详细介绍。

1.2.3　新型墙体材料

    由于框架及框架剪力墙结构建筑的普及，砌体结构的建筑越来越少，也就是用"砖"做承重墙的越来越少，大量的"砖"改为轻质、隔音、保温的仅起围护作用的轻质"砖"或砌块。

    目前出现的新型墙体材料有加气混凝土砌块、陶粒砌块、小型混凝土空心砌块、纤维石膏板、新型隔墙板等。这些新型墙体材料以粉煤灰、煤矸石、石粉、炉渣等废料为主要原料。

    新型墙体材料有节省大量的生产成本、有效减少环境污染、增加房屋使用面积等一系列优点，其中相当一大部分产品属于绿色建材，具有质轻、隔热、隔音、保温等特点，有些材料甚至有防火的功能，宜于大力推广应用。

▲ 纤维石膏板

▲ 蒸压加气混凝土砌块

▲ 陶粒空心砌块

▲ 新型隔墙板

1.3 胶凝材料

胶凝材料是指能够通过自身的物理化学作用，从浆体变成坚硬的固体，并能把砂、石等散粒材料或砖、砌块等块状材料胶结为一个整体的物料。

胶凝材料分为有机与无机两大类。有机胶凝材料有沥青、橡胶及各种树脂等；无机胶凝材料分为气硬性与水硬性两类。

气硬性胶凝材料包括石灰、石膏、水玻璃等；水硬性胶凝材料包括各种水泥等。

气硬性胶凝材料只能在空气中硬化，也只能在空气中持续和发展其强度，一般只适用于干燥环境中。水硬性胶凝材料既能在空气中还能更好地在水中硬化、保持并继续发展其强度，既适用于干燥环境，又可用于潮湿环境或水下工程。

1.3.1 水泥

水泥是重要的建筑材料，在园林工程中应用广泛，常用来制造各种形式的混凝土、钢筋混凝土、预应力混凝土以及配制各种砂浆等。

水泥为无机粉状水硬性胶凝材料，加水搅拌后成浆体，能在空气中或水中硬化，并能把砂、石等材料牢固地胶结在一起，是重要的建筑材料之一。用水泥配制成的混凝土或砂浆，坚固耐久，广泛应用于土木建筑、水利、国防等工程。

1. 水泥的分类

水泥品种较多，按其主要水硬性物质可分为硅酸盐水泥、铝酸盐水泥、硫铝酸盐水泥、氟铝酸盐水泥、磷酸盐水泥等。

根据国家标准《水泥命名原则》GB4131-84规定，水泥按其性能及用途可分为通用水泥、专用水泥及特性水泥三类。

（1）**通用水泥**：是指一般土木建筑工程通常使用的水泥。主要是指GB175—1999、GB1344—1999和GB12958—1999规定的六大类水泥，即硅酸盐水泥、普通硅酸盐水泥、矿渣硅酸盐水泥、火山灰质硅酸盐水泥、粉煤灰硅酸盐水泥和复合硅酸盐水泥。

▲ 水泥制造厂

（2）**专用水泥**：是指有专门用途的水泥。如G级油井水泥、道路硅酸盐水泥。

（3）**特性水泥**：是指某种性能比较突出的水泥。如快硬硅酸盐水泥、低热矿渣硅酸盐水泥、膨胀硫铝酸盐水泥。

2. 水泥的技术要求

（1）细度

细度是指水泥颗粒的粗细程度。水泥颗粒愈细，与水起反应的表面积就愈大，水化较快且较完全，因而凝结硬化快，早期强度高；但早期放热量和硬化收缩较大，且成本较高，储存期较短。因此，水泥的细度应适中。

（2）凝结时间

水泥的凝结时间分为初凝时间和终凝时间。初凝时间是指从水泥加水拌合起至水泥浆开始失去可塑性所需的时间；终凝时间是指从水泥加水拌合起至水泥浆完全失去可塑性并开始产生强度所需的时间。

水泥的凝结时间在施工中具有重要意义。为了保证有足够的时间在初凝之前完成混凝土的搅拌、运输、浇捣及砂浆的粉刷、砌筑等施工工序，初凝时间不宜过短；为使混凝土、砂浆能尽快地硬化达到一定的强度，以利于下道工序及早进行，终凝时间也不宜过长。国家标准规定，六大常用水泥的初凝时间均不得短于45min，硅酸盐水泥的终凝时间不得长于6.5h，其它五类常用水泥的终凝时间不得长于10h。

（3）水泥的包装

水泥可以袋装或散装，袋装水泥每袋净含量为50kg，其它包装的形式与净含量由供需双方协商决定。袋装水泥的包装袋应符合水泥包装袋（GB9774—2010）的规定。

（4）水泥的标志

水泥包装袋上应清楚标明：执行标准、水泥品种、代号、强度等级、生产者名称、生产许可证标志（QS）及编号、出厂编号、包装日期、净含量等。

包装袋两侧应采用不同的颜色标明水泥品种和强度等级，硅酸盐水泥和普通硅酸盐水泥采用红色，矿渣硅酸盐水泥采用绿色，火山灰质硅酸盐水泥、粉煤灰硅酸盐水泥和复合硅酸盐水泥采用黑色或蓝色。

散装水泥发运时应提交与袋装标志相同内容的卡片。

（5）水泥的运输与储存

水泥在运输与储存时，不得受潮和混入杂物，并且不同品种和强度等级的水泥贮存时应分开堆放，不得混杂。

▶ 水泥包装标识

3. 常用水泥的适用范围

（1）硅酸盐水泥

硅酸盐水泥是指由硅酸盐水泥熟料，掺入不超过5%的粒化高炉矿渣或石灰石、适量石膏，经磨细制成的水硬性胶凝材料。具体分为两种类型，掺入不超过5%的粒化高炉矿渣混合材料的，称为Ⅰ型硅酸盐水泥，代号为P.Ⅰ；掺入不超过5%的石灰石混合材料的，称为Ⅱ型硅酸盐水泥，代号为P.Ⅱ。

1）应用范围：配制地上、地下和水中的混凝土、钢筋混凝土及预应力混凝土，包括受循环冻融的结构及早期强度要求较高的工程；配制建筑砂浆。

2）不适用范围：大体积混凝土工程；受化学及海水侵蚀的工程；长期受压力水和流动水作用的工程。

（2）普通硅酸盐水泥

普通硅酸盐水泥是指由硅酸盐水泥熟料，掺入大于5%但不超过20%的混合材料及适量石膏，经磨细制成的水硬性胶凝材料，简称普通水泥，代号为P.O。

1）应用范围：与硅酸盐水泥基本相同。

2）不适用范围：与硅酸盐水泥基本相同。

（3）矿渣硅酸盐水泥

矿渣硅酸盐水泥是指由硅酸盐水泥熟料、粒化高炉矿渣和适量石膏，经磨细制成的水硬性胶凝材料，简称矿渣水泥。按粒化高炉矿渣比例不同，分为A型和B型。A型的矿渣掺入量大于20%但不超过50%，代号为P.S.A；B型的矿渣掺入量大

▶ 普通硅酸盐水泥

于 50% 但不超过 70%，代号为 P. S. B。

1）应用范围：大体积工程；高温车间和有耐热、耐火要求的混凝土结构；蒸汽养护的构件；一般地上、地下和水中的混凝土、钢筋混凝土结构；有抗硫酸盐侵蚀要求的工程；配制建筑砂浆。

2）不适用范围：早期强度要求较高的混凝土工程；有抗冻要求的混凝土工程。

（4）火山灰质硅酸盐水泥

火山灰质硅酸盐水泥是指由硅酸盐水泥熟料，掺入大于 20% 但不超过 40% 的火山灰质混合材料及适量石膏，经磨细制成的水硬性胶凝材料，简称火山灰水泥，代号为 P. P。

1）应用范围：地下、水中大体积混凝土结构；有抗渗要求的工程；蒸汽养护的构件；一般混凝土、钢筋混凝土结构；有抗硫酸盐侵蚀要求的工程；配制建筑砂浆。

2）不适用范围：早期强度要求较高的混凝土工程；有抗冻要求的混凝土工程；干燥环境下的混凝土工程；有耐磨性要求的混凝土工程。

（5）粉煤灰硅酸盐水泥

粉煤灰硅酸盐水泥是指由硅酸盐水泥熟料，掺入大于 20% 但不超过 40% 的粉煤灰混合材料及适量石膏，经磨细制成的水硬性胶凝材料，简称粉煤灰水泥，代号为 P. F。

1）应用范围：地上、地下、水中和大体积混凝土工程；蒸汽养护的构件；抗裂性要求较高的构件；有抗硫酸盐侵蚀要求的工程；一般混凝土工程；配制建筑砂浆。

2）不适用范围：早期强度要求较高的混凝土工程；有抗冻要求的混凝土工程；有抗碳化要求的混凝土工程。

（6）复合硅酸盐水泥

复合硅酸盐水泥是指由硅酸盐水泥熟料、两种或两种以上规定的混合材料、适量石膏磨细制成的水硬性胶凝材料，简称复合水泥，代号为 P. C。复合水泥中混合材料总掺加量按质量百分比应大于 20%，但不超过 50%。

应用范围：复合水泥的建筑性能良好，可广泛应用于工业和民用建筑工程中。

▲ 复合硅酸盐水泥

（7）彩色硅酸盐水泥

彩色硅酸盐水泥以白色硅酸盐水泥熟料和优质的白色石膏为主要原料，掺入颜料、外加剂等共同磨细而成，主要应用于各种建筑装饰工程中。

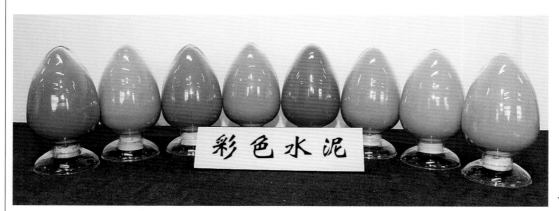

◀ 彩色水泥样品

1.3.2 石 灰

石灰是以碳酸钙为主要成分的无机气硬性胶凝材料。

1. 石灰的生产与成分

石灰最主要的原料是含碳酸钙的石灰石、白云石等。石灰石原料在适当温度下煅烧，碳酸钙分解，得到以 CaO 为主要成分的生石灰。

生石灰是一种白色或灰色的块状物质，由于石灰原料中常含有一些碳酸镁，所以煅烧后生成的生石灰中常含有 MgO 成分。通常把 MgO 的含量 ≤ 5% 的生石灰称为钙质生石灰，把 MgO 的含量 > 5% 的生石灰称为镁质生石灰。同等级的钙质生石灰的质量优于镁质生石灰。

▶ 生石灰烧制窑

2. 石灰的熟化、陈伏与硬化

（1）熟化：是指生石灰与水作用生成氢氧化钙的过程，又称为消解或消化。煅烧良好、氧化钙含量高的生石灰熟化较快，放热和体积增大也较多。

（2）陈伏：为消除过火石灰的危害，石灰在使用前应陈伏。陈伏是指石灰乳在储灰坑中放置 15 天以上的过程。

（3）硬化：包括两个过程——干燥结晶硬化与碳化。

3. 石灰的特点与注意事项

（1）保水性、可塑性好，故在水泥砂浆中掺入适量石灰膏，可改善砂浆的保水性，并可使砂浆的可塑性显著提高。

（2）凝结硬化很慢，硬化只能在空气中进行，且硬化后的强度很低，故石灰不宜单独用于建筑基础。

（3）耐水性很差，软化系数接近于零，故石灰不宜在有水或潮湿环境中使用。

（4）硬化、干燥时体积收缩大，易开裂，因此石灰除粉刷外不宜单独使用。

（5）吸湿性强，所以储存生石灰时需要防潮，且不宜储存过久。

4. 石灰的类型与主要用途

（1）块灰（生石灰）

块灰的主要成分为氧化钙，块灰中的灰分含量越少，质量越高。常用于配制磨细生石灰、熟石灰、石灰膏等。

（2）生石灰粉（磨细生石灰）

生石灰粉是由火候适宜的块灰经磨细而成的粉末状物料。常作为制作硅酸盐建筑制品的原料，也用于制作碳化石灰板及配制熟石灰、石灰膏等。

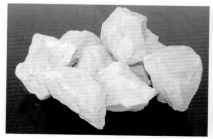

▲ 生石灰（块灰）   ▲ 生石灰粉

（3）熟石灰（消石灰粉）

熟石灰是将生石灰淋以适量的水（为石灰量的 60%~80%），经熟化作用所得的粉末状物料。

常用于拌制石灰土（石灰、黏土）和三合土（石灰、粉土、砂或矿渣）。

（4）石灰膏

石灰膏是将生石灰加以足量的水，经过淋制熟化而成的厚膏状物料。主要用于配制石灰砌筑砂浆和抹灰砂浆。

（5）石灰乳（石灰水）

石灰乳是将石灰膏用水冲淡所成的浆液状物质。主要用于房屋的室内粉刷。

5. 石灰的运输与保存

生石灰块和生石灰粉须在干燥状态下运输和储存，且不宜存放太久。在存放过程中，生石灰会吸收空气中的水分而熟化为消石灰粉，并进一步与空气中的 CO_2 作用生成 $CaCO_3$，从而失去胶凝能力。若需长期存放，应在密闭条件下，且应防潮、防水。

1.3.3　石　膏

石膏是以硫酸钙为主要成分的无机气硬性胶凝材料。

1. 石膏的生产

生产石膏的原料主要是天然二水石膏（$CaSO_4 \cdot 2H_2O$），又称为生石膏，经加热、煅烧、磨细即得石膏胶凝材料。一般在常压下加热至 107~170 ℃时，煅烧成 β 型半水石膏（$CaSO_4 \cdot \frac{1}{2}H_2O$）；若温度升高至 190℃，失去全部水分则成为无水石膏，又称为熟石膏。若将生石膏在 125℃、0.13MPa 压力的蒸压锅内蒸炼，得到的是 α 型半水石膏，其晶粒较粗，拌制石膏浆体时的需水量较少，因此硬化后强度较高，称为高强石膏。

▲ 二水石膏

2. 石膏的凝结与硬化

半水石膏加水后首先进行的是溶解，然后产生水化反应，生成二水石膏。由于二水石膏常温下在水中的溶解度比 β 型半水石膏小得多，因此二水石膏从过饱和溶液中以胶体微粒析出，促进了半水石膏不断地溶解和水化，直至完全溶解。

在上述过程中，浆体中的游离水分逐渐减少，二水石膏胶体微粒不断增加，浆体稠度增大，可塑性逐渐降低，这个过程称为"凝结"。随着浆体继续变稠，胶体微粒逐渐凝聚成晶体，晶体逐渐增大、共生并相互交错，使浆体产生强度并不断加强，此过程称为"硬化"。

3. 石膏的性质与技术要求

（1）密度约为 900kg/m³，属于轻质材料。

（2）凝结硬化快，需加缓凝剂以降低凝结速度。

（3）凝结硬化时体积略膨胀，硬化后孔隙率增高。

（4）防火性能好，可用于制作防火隔墙板等。

（5）技术要求：初凝时间不小于 6min，终凝时间不大于 30min。

▲ 二水石膏

4. 石膏的种类

（1）**天然石膏（生石膏）**：即二水石膏（$CaSO_4 \cdot 2H_2O$），呈白、灰、青、浅红等色，质软，略溶于水。通常白色者用于制作熟石膏，灰、青、浅红色者用于制作水泥、农肥等。

（2）**熟石膏**：是经加热、煅烧、磨细而得的石膏，具体分为建筑石膏（半水石膏）、地板石膏、模型石膏和高强度石膏等。

▲ 二水石膏（白色）

▲ 二水石膏（灰色）

▲ 二水石膏（青色）

▲ 二水石膏（粉色）

5. 建筑石膏的应用

（1）**室内抹灰与粉刷**：建筑石膏是洁白细腻的粉末，用作室内装修效果良好，比石灰更洁白美观。

（2）**制作装饰制品**：建筑石膏配以纤维增强材料、胶黏剂等可制成各种石膏装饰制品，也可掺入颜料制成彩色制品。

（3）**石膏板材**：建筑石膏可与石棉、玻璃纤维、轻质填料等配制成各种石膏板材，如纸面石膏板、纤维石膏板、空心石膏条板等，皆是良好的建筑材料。

▲ 石膏板吊顶

▲ 石膏粉

▲ 石膏塑像

6. 石膏的运输与保存

建筑石膏在运输与储存时，须防水、防雨、防潮，应分类分级存储于干燥的仓库内，且不宜存放太久。一般存放 3 个月后，强度降低 30% 左右。

1.3.4 沥 青

沥青是一种棕黑色憎水性的有机胶凝物质，构造致密，与石料、砖、混凝土及砂浆等能牢固地黏结在一起。沥青的主要成分为沥青质和树脂，其次有高沸点矿物油和少量的硫、氯的化合物，有光泽，呈液体、半固体或固体状态。沥青制品具有良好的隔潮、防水、抗渗、耐腐蚀等性能，在地下防潮、防水和屋面防水以及铺路等工程中得到广泛应用。

1. 沥青的种类

沥青的种类较多，按产源可分为地沥青和焦油沥青。地沥青主要包括天然沥青和石油沥青；焦油沥青主要包括煤沥青和木沥青。

（1）**天然沥青**：是石油渗出地表经长期暴露和蒸发后的残留物。这种沥青大多经过天然蒸发、氧化，一般已不含有毒素。

（2）**石油沥青**：是将精制加工石油所残余的渣油，经适当的工艺处理后得到的产品。根据提炼程度的不同，在常温下成液体、半固体或固体。石油沥青色黑有光泽，具有较高的感温性。由于它在生产过程中曾经蒸馏至400℃以上，因而所含挥发成分较少，但仍可能有高分子的碳氢化合物未经挥发，这些物质或多或少对人体健康有害。

（3）**焦油沥青**：是煤、木材等有机物干馏加工所得焦油之后的副产品，即焦油蒸馏后残留在蒸馏釜内的黑色物质。它与精制焦油没有明显的界限，一般的划分方法为软化点在26.7℃（立方块法）以下的为焦油，软化点在26.7℃以上的为沥青。焦油沥青中含有难挥发的蒽、菲、芘等，这些物质具有毒性。由于这些成分的含量不同，因而焦油沥青的性质也不同。温度的变化对焦油沥青的影响很大，冬季容易脆裂，夏季容易软化。加热时有特殊气味，加热到260℃5小时以后，其所含的蒽、菲、芘等成分就会挥发。

建筑工程中常用的主要是石油沥青和焦油沥青。

▲ 石油沥青（铁桶装）

▲天然沥青（固体状）

▲焦油沥青（固体状）

2. 石油沥青的物理性质

（1）黏性：是表示沥青抵抗变形或阻滞塑性流动的能力。

（2）塑性：是指沥青受到外力作用时产生变形而不破坏，当外力撤消能保持所获得的变形的能力。

（3）温度敏感性：是指沥青的黏性和塑性随温度变化而改变的程度。沥青没有固定的熔点，当温度升高时，沥青塑性增大，黏性减小，由固体或半固体逐渐软化，变成黏性液体；当温度降低时，沥青的黏性增大，塑性减小，由黏流态变为固态。

（4）沥青软化点：是反映沥青温度敏感性的重要指标，它表示沥青由固态变为黏流态的温度，此温度愈高，说明温度敏感性愈小，即环境温度较高时才会发生这种状态转变。

（5）沥青闪点：通常沥青闪点在240~330℃，燃点比闪点约高3~6℃，施工温度应控制在闪点以下。

（6）大气稳定性：是指石油沥青在阳光、温度、空气和水的长期综合作用下，保持性能稳定的能力。

3. 石油沥青的类型与应用

石油沥青按用途分为建筑石油沥青、道路石油沥青、防水防潮石油沥青和普通石油沥青。石油沥青的牌号主要是根据针入度、延度和软化点指标划分的，并以针入度值表示。

建筑石油沥青分为 10 号和 30 号两个牌号，道路石油沥青分十个牌号。牌号愈大，相应的针入度值愈大，黏性愈小，延度愈大，软化点愈低，使用年限愈长。

通常情况下，建筑石油沥青多用于建筑屋面工程和地下防水工程；道路石油沥青多用来拌制沥青砂浆和沥青混凝土，用于路面、地坪、地下防水工程和制作油纸等；防水防潮石油沥青的技术性质与建筑石油沥青相近，而且质量更好，适用于建筑屋面、防水防潮工程。

选择屋面沥青防水层的沥青牌号时，主要考虑其黏度、温度敏感性和大气稳定性。常以软化点高于当地历年来屋面温度 20℃ 以上为主要条件，并适当考虑屋面坡度。对于夏季气温高且坡度大的屋面，常选用 10 号或 30 号石油沥青，或者 10 号与 30 号或 60 号掺配调整性能的混合沥青。但在严寒地区一般不宜直接使用 10 号石油沥青，以防冬季出现冷脆破裂现象。

对于地下防潮、防水工程，一般对软化点要求不高，但要求其塑性好、黏结力强，使沥青层与建筑物黏结牢固，并能适应建筑物的变形而保持防水层完整。

▲ 沥青砾石混凝土

▲ 沥青路面

▶ 沥青路建造

1.4 砂石、混凝土

　　砂与碎石也是建筑工程的重要原料。砂与水泥（或石灰）可配制成各种砂浆，并可用于铺装的结合层；砂、碎石与水泥可配制成各种混凝土，碎石还可用于铺装的垫层等。

1.4.1 砂

　　砂是由天然岩石经长期风化等自然条件作用或用机械轧碎而形成的，通常颗粒直径小于 5.00mm，也称为细集料。

▦ 1. 砂的种类

　　砂按照成因分为天然砂（包括河砂、湖砂、海砂、山砂）、人工砂、混合砂。

　　河砂、湖砂和海砂经水流冲击，表面比较圆滑而清洁，产源广、产量大，但海砂中常含有碎贝壳及盐类等有害杂质，若含量高能腐蚀钢筋；山砂是岩体风化后在山间适当地形中堆积下来的岩石碎屑，颗粒多有棱角，表面粗糙，砂中含泥量及有机杂质较多。相比而言，河砂较为适用，故建筑工程中普遍采用河砂作为细集料。

　　人工砂由将天然岩石轧碎而成，其颗粒表面粗糙，比较洁净，但砂中片状颗粒及细粉含量较多，且成本较高，一般只有在当地天然砂源缺乏时，才采用人工砂作为细集料。

▲ 河砂（粗砂）

▲ 河砂（中砂）

▦ 2. 砂的规格

　　砂按照粗细程度分为粗砂（细度模数 3.7~3.1）、中砂（细度模数 3.0~2.3）、细砂（细度模数 2.2~1.6）、特细砂（细度模数 1.5~0.7）。

　　砂的粗细程度是指不同粒径的砂粒混合在一起的总体的粗细程度。常用细度模数表示，细度模数越大，表示砂越粗；细度模数越小，表示砂越细。

　　评定砂的粗细，通常采用筛分析法。该法是用一套孔径分别为

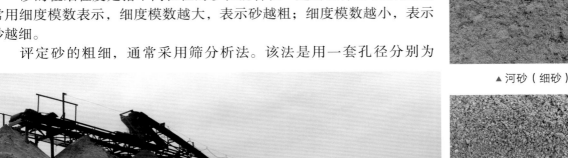

▲ 河砂（细砂）

▲ 河砂中转场

▲ 泥砂（粗砂）

▲ 海砂（含盐分和有毒物质）

5.00mm、2.50mm、1.25mm、0.630mm、0.315mm、0.160mm 的标准筛，将干砂试样 500g 由粗到细依次过筛，然后称量各筛上余留砂样的质量，计算出各筛上的筛余百分率。

3. 砂的颗粒级配

砂的颗粒级配是指砂中大小颗粒的搭配情况。在混凝土中，砂粒之间的空隙由水泥浆填充，为达到节约水泥和提高强度之目的，应尽量减少砂粒之间的空隙，因此就必须有大小不同的颗粒级配。当砂中含有较多的粗颗粒，若以适量的中颗粒及少量的细颗粒填充其空隙时，即可使砂的空隙率和总面积均较小。用这样的砂配制混凝土时，不仅水泥用量少，经济性好，而且还能提高混凝土的和易性、密度和强度。

1.4.2 碎石

建筑用碎石的种类与规格：按照成因分为天然碎石、人工碎石、混合碎石；按照粗细程度分为粗碎石（直径大于 3cm）、中碎石（直径 1~3cm）、细碎石（直径小于 1cm）、碎石粉（粉末状）。

在混凝土配料中，碎石和卵石属于粗集料，粒径大于 5.00mm。碎石与卵石相比，表面比较粗糙，空隙率大，表面积大，与水泥的黏结强度较高。

粗集料的颗粒级配也很重要，当粗集料的粒径增大时，集料总面积减小，可减少水泥的用量，节约成本，并有助于提高混凝土的密实度。因此，当配制中等强度以下的混凝土时，应尽量采用粒径大的粗集料，但不得超过 5cm。

浇制大型桩体的混凝土，可用含泥量不大于 5% 的碎石、卵石、角砾、圆砾等硬质材料，粒径 2~5cm，最大粒径不宜大于 8cm，且粒径 5~8cm 的含量不得大于 5%。

▲ 粗碎石　　　　　　▲ 中碎石

▲ 细碎石　　　　　　▲ 碎石粉

▲ 粗细混合碎石

▲ 碎石加工场

▲ 碎石铺垫园路基础

1.4.3　砂　浆

砂浆（沙浆）是建筑基础、垒石、砌砖、粉刷用的黏结物质，由一定比例的砂子（细骨料）和胶凝材料（水泥、石灰膏、石膏、黏土等）加水拌合而成，也叫灰浆。

砂浆和混凝土的区别在于不含粗骨料，它是由胶凝材料、细骨料和水按一定的比例配制而成的。合理使用砂浆对节约胶凝材料、方便施工、提高工程质量有着重要的作用。

砂浆的分类：按所用胶凝材料不同，分为水泥砂浆、石灰砂浆、石膏砂浆和水泥石灰混合砂浆等；按用途不同，分为砌筑砂浆、抹面砂浆、防水砂浆等。

▶ 铺装用素水泥浆水

1. 砌筑砂浆

砌筑砂浆是将砖、石、砌块等黏结成为砌体的砂浆，起着胶结块材和传递荷载的作用，是砌体的重要组成部分。

砌筑砂浆常用的胶凝材料有水泥、石灰膏、建筑石膏等。为改善砂浆和易性，降低水泥用量，常在水泥砂浆中掺入部分石灰膏、黏土或粉煤灰等，以提高砂浆的保水性，调节砂浆的强度等级；掺入膨胀珍珠岩、引气剂等，以提高砂浆的保温性能；掺入微沫剂、泡沫剂等，以提高砂浆的抗裂性和抗冻性。

砌筑砂浆用砂宜选用中砂，其中毛石砌体宜选用粗砂，砂的含泥量不应超过5%；砌砖所用的砂浆宜用中砂，其最大粒径不大于2.5mm；抹面与勾缝砂浆宜选用细砂，其最大粒径不大于1.2mm。

▲ 铺装用素水泥浆（结合层）

2. 抹面砂浆

抹面砂浆的原材料：普通硅酸盐水泥，强度等级大于32.5级；中砂或细砂，含泥量小于3%；凡是人、畜能饮用的水。

抹面砂浆（含勾缝砂浆）常用于砌体的表面，在材料配比上水泥的用量需多于砌筑砂浆，同时要求保水性好，且要与基底有很好的黏附性。

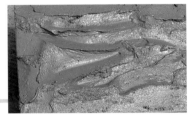

▲ 铺装用素水泥浆（结合层）

3. 防水砂浆

防水砂浆的原材料：普通硅酸盐水泥，强度等级大于32.5级；中砂，不得含有有毒物质和泥块；人能饮用的水；氯化物金属盐类的防水剂。

防水砂浆的配合比：水泥:砂为1:2.5，水灰比为0.6~0.65。

▲ 抹墙水泥砂浆

▲ 水泥砂浆拌制

▲ 水泥砂浆抹墙

▲ 水泥砂浆抹墙效果

1.4.4 混凝土

混凝土，简称为"砼"，是指由胶凝材料将集料胶结成整体的工程复合材料的统称。

通常讲的混凝土是指用水泥作胶凝材料，砂、石作集料，与水（加或不加外加剂和掺合料）按一定比例配合，经搅拌而得的水泥混凝土，也称普通混凝土。

水泥浆体在硬化前起润滑作用，使混凝土拌合物具有良好的工作性能，硬化后将骨料胶结在一起，形成坚强的整体。混凝土硬化后最重要的力学性能，是指混凝土抵抗压、拉、弯、剪等应力的能力。水灰比、水泥品种和用量、集料的品种和用量以及搅拌、成型、养护等环节，都直接影响混凝土的强度。

▲ 混凝土制造厂

1. 混凝土的分类

▲ 混凝土制造配料场

▲ 混凝土材料——砾石与砂

（1）按胶凝材料分为：水泥混凝土、石膏混凝土、水玻璃混凝土、沥青混凝土、硅酸盐混凝土、聚合物水泥混凝土及聚合物浸渍混凝土等。

（2）按体积密度分为：重混凝土（体积密度大于 2800 kg/m³）、普通混凝土（体积密度为 2000~2800 kg/m³）和轻混凝土（体积密度小于 2000 kg/m³）。

（3）按用途分为：结构混凝土、道路混凝土、防水混凝土、耐酸混凝土、耐热混凝土、装饰混凝土、膨胀混凝土、大体积混凝土及防辐射混凝土等。

（4）按施工方法分为：预拌混凝土（商品混凝土）、泵送混凝土、碾压混凝土、离心混凝土、挤压混凝土、压力灌浆混凝土、喷射混凝土及热拌混凝土等。

（5）按强度分为：普通混凝土（强度等级通常在 C60 以下）、高强混凝土（强度等级大于或等于 C60）与超高强混凝土（抗压强度一般在 100MPa 以上）。

（6）按配筋情况分为：素混凝土、钢筋混凝土、预应力混凝土及钢纤维混凝土等。

2. 混凝土的特点

（1）混凝土具有抗压强度高、耐久性强、耐火、防腐、维修费用低等优点，是一种较好的结构材料。

（2）混凝土中的大部分材料为天然砂石，可以就地取材，大大降低成本。

（3）混凝土具有良好的可塑性，可以依据需要浇筑成任意形状的构件。

（4）混凝土和钢筋具有良好的黏结性能，且能

▲ 干拌水泥砂料

▲ 混凝土搅拌机

较好地保护钢筋不锈蚀。

　　基于以上优点，混凝土在钢筋混凝土结构中应用广泛。但混凝土也存在抗拉强度低、变形性能差、导热系数大、体积密度大、硬化较缓慢等缺点。在工程中，应尽可能利用混凝土的优点，而应采取相应的措施避免混凝土的缺点对使用的影响。

3. 混凝土的标号

　　混凝土按其标准养护28天的抗压强度而划分的强度等级，称为标号。常用的为C10、C15、C20、C25、C30、C40、C50…等，具体可参考JGJ55-2000《普通混凝土配合比设计规程》、GB/T50081-2002《普通混凝土力学性能试验方法》、GB/T50080-2002《普通混凝土拌和物性能试验方法标准》。

4. 混凝土的配比

　　C10：每立方米：水泥 230kg，砂 780kg，碎石 1240kg，水 185kg
　　C15：每立方米：水泥 303kg，砂 670kg，碎石 1242kg，水 185kg
　　C20：每立方米：水泥 343kg，砂 621kg，碎石 1261kg，水 175kg
　　　　　配合比为：1 : 1.81 : 3.68 : 0.51
　　C25：每立方米：水泥 398kg，砂 566kg，碎石 1261kg，水 175kg
　　　　　配合比为：1 : 1.42 : 3.17 : 0.44
　　C30：每立方米：水泥 461kg，砂 512kg，碎石 1252kg，水 175kg
　　　　　配合比为：1 : 1.11 : 2.72 : 0.38

▲ 水泥砂浆（细骨料混凝土）

5. 混凝土的施工工艺

　　混凝土缺少自然石材的情调和木质材料的宜人，但它造价低廉，铺设简单，可塑性强，耐久性也很高。如果浇注工艺技术合理，混凝土与其它铺装材料相比，也并不逊色。同时，多变的外观又为它的实用性开拓增添了砝码，通过一些简单的工艺，如染色技术、喷漆技术、蚀刻技术等，可以描绘出美丽的图案，以适应设计上的要求。

▲ 水泥碎石混凝土
（粗骨料混凝土）

　　在混凝土路面施工过程中可设置缝隙，主要有以下两种形式。

　　（1）真缝（伸缩缝）——分割相接混凝土路面的空隙，其作用是使路面的膨胀和收缩不会引起混凝土结构的毁坏，常用沥青或橡胶处理过的物质填充。作为铺地的材料，红杉或杉木的隔板也具有伸缩缝的功能。伸缩缝之间的最大距离为9m，深度3~5cm。

▲ 混凝土路面缝隙（真缝）

　　（2）假缝——其作用是一缓冲槽，下部混凝土仍连在一起，以调节可能在路表面形成的龟裂，最佳距离为6m。

▲ 混凝土路面缝隙（假缝）

1.5 防水材料

　　建筑防水工程是建筑安全的核心，一直是建筑工程中投诉最多的问题之一，屋面漏、外墙漏、卫生间漏、厨房漏、地下室也漏，被视为建筑物的"通病"。在园林工程方面，屋顶花园、别墅泳池、喷泉景观池、假山跌水池的漏水问题也时有发生，不仅影响工程的整体质量，而且补漏翻修也增加了工程的造价，对建筑物的使用年限有很大影响。

　　建筑防水技术是保证建筑工程结构免受水蚀，内部空间不受水害的一门科学技术。为了提高防水工程的质量，应以材料为基础，施工为关键，杜绝建筑工程中的漏水问题，以求创造出更高品质的工程。

　　防水材料具有防止雨水、地下水及其它水分侵入建筑物的功能，在结构中主要起防潮、防渗、防盐分侵蚀、保护建筑构件等作用。目前我国的建筑防水材料已从单一品种向多元化发展，新型防水材料从无到有，档次也包括高、中、低档。还有一些新型防水材料如三元已丙橡胶防水卷材、水泥基渗透结晶型防水材料等在工程中应用也越来越多。品种和功能比较齐全的防水材料系统已能基本满足不同要求的建筑防水工程的使用。

　　我国从 20 世纪 50 年代开始应用沥青油毡卷材以来，沥青类防水材料一直是我国建筑防水材料的主导产品，无论是品种、产量还是质量都得到迅速发展。就目前我国防水材料总体结构比例上看，仍是以沥青基防水材料为主要产品，约占全部防水材料的 80%，高分子防水卷材约占 10%，防水涂料及其它防水材料约占 10%。

　　目前，我国常用建筑防水材料分为四大类，即防水卷材、防水涂料、密封材料和刚性防水材料。

1.5.1 防水卷材

　　防水卷材是具有一定宽度和厚度并可卷曲的片状防水材料。

　　防水卷材必须具备以下性能：①耐水性；②温度稳定性；③机械强度与延伸性；④柔韧性与抗裂性；⑤大气稳定性。

　　防水卷材根据其主要防水组成材料，可分为沥青防水卷材、高聚物改性沥青防水卷材和合成高分子卷材三大类。

1. 沥青防水卷材类

　　沥青防水卷材是在基胎（如原纸、纤维织物）上浸涂沥青后，再在表面撒布粉状或片状隔离材料而制成的可卷曲的片状防水材料。按其基胎材料的不同，分为纸胎、玻璃布胎、玻璃纤维胎和铝箔面胎。

　　（1）**石油沥青纸胎油毡：**是以低软化点的石油沥青浸渍油毡原纸，再以高软化点的石油沥青涂布于两面，表面撒布防黏材料（如滑石粉、云母片）而制成的卷材。其优点为成本较低，但易腐蚀，耐久性差，抗拉强度低，需要消耗大量优质纸源。

　　（2）**石油沥青玻璃布油毡：**是采用石油沥青浸涂玻璃纤维织布的两面，再涂以隔离材料所制成的一种以无机材料为胎体的沥青防水卷材。其抗拉强度高，柔韧性较好，耐热、耐磨、耐腐蚀，吸水率低。

　　（3）**石油沥青玻璃纤维胎油毡：**是采用玻璃纤维薄毡为胎基，浸渍石油沥青，并在其表面涂洒矿物材料或覆盖聚乙烯膜等隔离材料所制成的防水卷材。其柔韧性、耐水性、耐久性及耐腐蚀性都较好。

▲ 石油沥青纸胎油毡

▲ 石油沥青玻璃布油毡　　▲ 石油沥青玻璃纤维胎油毡　　▲ 石油沥青铝箔面油毡

▲ 石油沥青铝箔面油毡的铺设　　　　　▲ 铝箔面油毡应用于屋顶花园

（4）**石油沥青铝箔面油毡**：是采用玻璃纤维为胎基，浸涂氧化沥青，并在其表面用压纹铝箔贴面，底面撒布细颗粒矿物材料或覆盖聚乙烯膜等隔离材料所制成的一种具有热反射和装饰功能的防水卷材。

2. 高聚物改性沥青防水卷材类

高聚物改性沥青防水卷材是以改性沥青为涂盖层，纤维织物或纤维毡为胎体，粉状、片状、粒状或薄膜层制成的可卷曲的片状防水材料。这类防水卷材改善了普通沥青防水卷材温度稳定性差、延伸率低等缺点，具有高温不流淌、低温不脆裂、拉伸强度较高、延伸率较大等优点，且价格适中，属于中低档防水卷材。

按照改性高聚物的种类分为 SBS 改性沥青防水卷材、APP 改性沥青防水卷材、PVC 改性焦油沥青防水卷材、再生胶改性沥青防水卷材等。

▲ SBS 改性沥青防水卷材

（1）**SBS 改性沥青防水卷材**：是用沥青或 SBS 改性沥青浸渍胎基，两面涂以 SBS 改性沥青涂盖层，并在上表面撒以细砂、矿物粒或覆盖聚乙烯膜，下表面撒以细砂或覆盖聚乙烯膜所制成的防水卷材。其性能特点为抗拉强度、延伸率较高，高温稳定性、低温柔韧性、耐老化性较好，可冷施工。

（2）**APP 改性沥青防水卷材**：是用沥青或 APP 改性沥青浸渍胎基，两面涂以 APP 改性沥青涂盖层，并在上表面撒以细砂、矿物粒或覆盖聚乙烯膜，下表面撒以细砂或覆盖聚乙烯膜所制成的防水卷材。其性能特点为抗拉强度高，延伸率大，耐老化、耐腐蚀、耐紫外线性能好。

▲ APP 改性沥青防水卷材

3. 合成高分子卷材类

合成高分子卷材类是以合成橡胶、合成树脂或两者共混体为基料，加入适量的化学助剂和填充料，经不同工序加工而成的可卷曲的片状防水材料。具有耐高温、耐低温、高弹性、高延伸性及良好的耐老化性等特点，故成为新型防水材料发展的主导方向。

合成高分子卷材类主要包括三元乙丙橡胶防水卷材、聚氯乙烯防水卷材、氯化聚乙烯防水卷材、氯化聚乙烯橡胶共混防水卷材等。

（1）三元乙丙（EPDM）橡胶防水卷材：是以三元乙丙橡胶或掺入适量丁基橡胶为基本原料，加入适量的软化剂、填充剂、补强剂、促进剂、稳定剂等，经精确配料、密炼、塑炼、过滤、拉片、挤出或压延成型、硫化、分卷包装等工序制成的高强度高弹性防水材料。具有弹性好、耐老化、寿命长、耐高温低温、能在酷热和严寒环境中长期使用等优点。

▲ 三元乙丙橡胶防水卷材

（2）聚氯乙烯（PVC）防水卷材：是以聚氯乙烯树脂为主要原料，掺入填充料和适量的改性剂、增塑剂及其它助剂，经混炼、压延或挤出成型、分卷包装等工序制成的柔性防水卷材。其抗拉强度高，延伸率大，耐热性、耐腐蚀性、低温柔韧性好，使用寿命长。

▲ 聚氯乙烯防水卷材

（3）氯化聚乙烯—橡胶共混型防水卷材：是以氯化聚乙烯树脂和合成橡胶共混物为主体，加入适量的硫化剂、软化剂、促进剂、稳定剂和填充料等，经精确配料、塑炼、混炼、过滤、挤出或压延成型、硫化、分卷包装等工序制成的防水材料。其兼有塑料和橡胶的特点，既具有塑料高强度、耐臭氧、耐老化的性能，又具有橡胶材料所特有的高弹性、高延伸性和良好的低温柔性。

▶ 氯化聚乙烯—橡胶共混防水卷材

1.5.2 防水涂料

防水涂料是在常温下呈无定形液态，经涂刷能在结构物表面固化，形成具有相当厚度并有一定弹性的防水膜的物料的总称。其广泛应用于屋面防水、地下室防水、地面防潮防渗等。

为了满足防水工程的要求，防水涂料必须具备以下性能：①固体含量，即防水涂料中所含固体的比例。固体含量多少与成膜厚度及涂膜质量密切相关。②耐热度，它反映防水膜的耐高温性能。③柔性，它反映防水涂料在低温下的使用性能。④不透水性，是满足防水功能要求的主要质量指标。⑤延伸性，以适应外界因素造成的基层变形，保证防水效果。

防水涂料的分类：按照成膜物质可分为沥青基防水涂料、高聚物改性沥青类防水涂料、合成高分子类防水涂料和水泥基防水涂料等；按照液态类型可分为溶剂型、水乳型和反应型。

（1）沥青基防水涂料

沥青基防水涂料是指以沥青为基料配制而成的溶剂型或水乳型防水涂料，具体有冷底子油、沥青胶、乳化沥青等。

冷底子油是在石油沥青中加入汽油、轻柴油而配制成的沥青溶液，一般不单独使用，只作某些防水材料的配套材料。

沥青胶是在石油沥青中加入粉状或纤维状填充材料混合而成的。耐水性、耐酸碱性及耐久性优良，但耐油性及耐溶剂型较差。

水乳型沥青涂料是以乳化沥青为基料，在其中掺入各种改性材料而制成的防水材料。可代替沥青胶黏接沥

▲ SBS 改性沥青防水涂料

▲ 有机硅防水涂料

青防水材料，可在潮湿的基础上使用。

（2）高聚物改性沥青类防水涂料

高聚物改性沥青类防水涂料是以沥青为基料，用合成高分子聚合物进行改性配制而成的溶剂型或水乳型防水涂料。其各方面性能比沥青基涂料有很大改善，主要品种有再生橡胶改性沥青防水涂料、水乳型氯丁橡胶沥青防水涂料、APP 改性沥青防水涂料、SBS 橡胶沥青防水涂料和水性 PVC 煤焦油防水涂料等。其中以氯丁胶沥青防水涂料的使用最为普遍。

（3）合成高分子类防水涂料

合成高分子类防水涂料是以合成橡胶或合成树脂为主要成膜物质配制而成的单组分或多组分的防水材料。此类涂料比沥青基涂料和改性沥青基涂料具有更好的性能，主要品种有聚氨酯防水涂料（双组分反应型涂料）、石油沥青聚氨酯防水涂料（双组分化学反应固化型涂料）、有机硅防水涂料（单组分高分子涂料）、环氧树脂防水涂料和丙烯酸酯防水涂料等。

1.5.3　密封材料

密封材料又称为嵌缝材料，建筑工程中的施工缝、构件连接缝、变形缝、门窗四周、玻璃镶嵌部位等，需要填充黏接性能好、弹性及延伸性好的材料，以使接缝保持较好的气密性和水密性。密封材料必须具有良好的黏接性、耐老化以及对高低温度的适应性，能长期经受黏接构件的收缩与振动而不被破坏。

密封材料按形态分为定形材料和不定形材料两大类。定形密封材料具有一定的形状和尺寸，如止水带、密封带、密封垫、遇水膨胀橡皮等；不定形密封材料，又称密封膏、密封胶，是溶剂型、乳剂型或化学反应型等黏稠状的密封材料，如沥青嵌缝油膏、聚氯乙烯防水接缝材料等。

　　▲密封带　　　　　　　　▲密封垫　　　　　　　▲防水密封膏

1.5.4　刚性防水材料

在园林景观工程中，坡屋面常用的刚性防水材料有黏土瓦、琉璃瓦、油毡瓦、混凝土瓦、石棉瓦、玻璃钢瓦、金属屋面板材、坡屋顶防水透气膜等。

其它刚性防水材料有外加剂防水混凝土和防水砂浆，其主要外加剂有 UEA 型混凝土膨胀剂、有机硅防水剂、BR 系列防水剂、M1500 水泥水性密封防水剂、无机铝盐防水剂等。其中 UEA 型膨胀剂的推广速度最快，无机铝盐防水剂的用量也较大。

　　　　　　　　　　　　　　　　　　　　▲石棉瓦　　　▲玻璃钢瓦

  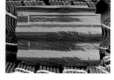

　　　　　　　　　　　　　　　　　　　　　　　▲特型琉璃瓦

　　▲黏土瓦　　　　　　▲琉璃脊瓦　　　　　▲琉璃波形瓦

02 水电工程材料

SHUIDIAN GONGCHENG CAILIAO

　　园林水电工程属于地下永久性隐蔽工程，因而对所用的材料要求具有很高的安全性、可靠性和耐久性，以降低检修成本以及避免各类事故的发生。根据工程分项与具体用途分为给水工程材料、排水工程材料、供电工程材料等。

2.1　给水工程材料

园林给水工程包括取水工程、净水工程和输配水工程。因取水工程、净水工程的材料与施工比较复杂，本书不作介绍。下面主要介绍给水工程所用到的材料。

2.1.1　给水管材

给水管材的材质性能是否稳定影响水质，给水管材的抗压强度与抗拉强度影响给水管网的使用寿命。给水管网属于地下隐蔽工程设施，故要求具有很高的安全可靠性。目前常用的给水管材有下列几种。

1. 铸铁管

铸铁管分为灰铸铁管和球墨铸铁管。灰铸铁管具有经久耐用、耐腐蚀性强、使用寿命长等优点，但质地较脆，不耐振动和弯折，重量大。灰铸铁管是以往使用最广的管材，主要用在 DN80~1000mm 的地方，但运用中易发生爆管，不适应城市的发展，在国外已被球墨铸铁管所代替。球墨铸铁管在抗压、抗振方面的性能有所提高。

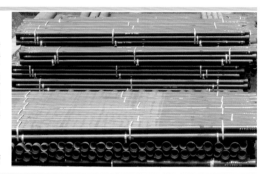

▶ 球墨铸铁管

2. 钢　管

钢管分为焊接钢管和无缝钢管。焊接钢管又分为镀锌钢管和非镀锌钢管。钢管有较好的机械强度，耐高压，耐振动，重量较轻，单管长度长，接口方便，有较强的适应性，但耐腐蚀性差，防腐处理费用高。

镀锌钢管是在普通钢管表面镀锌防腐处理后的钢管，具有防腐、防锈、水质不易变坏、使用寿命长等特性，是以往居家生活用水的主要给水管材。镀锌钢管使用时间过长后，会产生较多锈垢，而锈蚀的重金属含量过高，会危害人体的健康，目前基本取消了镀锌钢管用作人饮用水的供水管，主要用于喷灌给水及煤气、暖气输送等。

▲ 普通钢管

▲ 镀锌钢管（薄壁）

▲ 镀锌钢管（厚壁）

3. 钢筋混凝土管

钢筋混凝土管防腐能力强，不需要任何防腐处理，具有较好的抗渗性和耐久性，但水管重量大，质地脆，装卸和搬运不便。其中自应力钢筋混凝土管到后期会发生膨胀，使管质疏松，一般不用于主要管道；预应力钢筋混凝土管能承受一定压力，在国内大口径输水管中应用较广，但由于接口问题，易爆管、漏水。为了克服这些缺陷，现采用预应力钢筒混凝土管（PCCP 管），是利用钢筒和预应力钢筋混凝土管复合而成，具有抗振性好、不易腐蚀、不易渗漏、使用寿命长等特点，为较理想的大水量输水管材。

▲ 钢筋混凝土管

4. 塑料管

目前用于给水的塑料管主要有 PVC 管、PP-R 管、PE 管等。

（1）PVC 管

PVC 塑料管的主要材料为聚氯乙烯，其表面光滑，不易结垢，耐腐蚀，质量轻，加工连接方便，但管材强度低，性质脆，抗外压和冲击性差，用于室外易老化。其多用于小口径，一般小于 DN200mm，不宜安装于车行道下。国外在新安装的管道中，塑料管占 70% 左右，国内许多城市也有大量应用，特别是在绿地、农田的喷灌系统中应用广泛。

▲ PVC 管

（2）PP-R 管

PP-R 管于 20 世纪 80 年代末才开始使用，是采用气相共聚工艺使 5% 左右的 PE 在 PP 的分子链中随机地均匀聚合（无规共聚）而成的新性能管材。

PP-R 管的主要材料为聚丙烯，接口采用热熔技术，管子之间可以完全地融合在一起，是目前家装工程、喷灌工程中采用最多的一种供水管道。常用的 PP-R 管有白色、灰色、绿色等多种颜色，规格有 DN16~160mm。

▲ PP-R 管

▲ PP-R 管及管件

（3）PE 管

PE 管的主要材料为聚乙烯。该管道设计理论完善、使用性能优良、产品配套齐全，现已成为生活和生产供水的一种重要的塑料管材。

▲▶ PE 管

PE 管的特点：①内壁光滑，不易结垢，具有超低摩阻；②具有极好的抗腐蚀性；③耐磨性高于钢管；④具有较好的韧性与抗震性；⑤燃烧不易释放出毒素，环保卫生；⑥一般可安全使用 50 年；⑦可回收重复利用。

PE 管的主要用途：城市及村镇自来水给水管道、燃气管道、煤矿通风管道、矿浆输送管道、海水及腐蚀介质管道、石油及化工管道、排污管道、电缆护套管、水利及农田灌溉等。

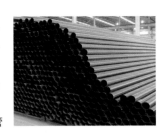

▶ PE 管

2.1.2　给水管网附属设施

1. 管　件

给水管的管件种类很多，不同管材的管件有些差异，但分类差不多，有直接头、弯头、三通、四通、管堵、活性接头等。每类又有很多种，如直接头分为内接头、外接头、内外接头、同径或异径接头等。

▲ PP–R 管件

2. 快速取水器

快速取水器一般用于绿地浇灌，它由阀门、弯头及直管等组成，通常用 DN20mm 或 DN25mm。一般把部件放在井中，埋深 30~50cm，周边用砖砌成井，井的大小根据管件多少而定，一般内径（或边长）30cm 左右。地下龙头的服务半径以 25m 左右为宜；在井旁应设出水口，以免附近积水。

▶ 快速取水器

3. 阀门井

阀门用于调节供水管线中的流量和水压，主管和支管交接处的阀门常设在支管上。在室外一般把阀门放在阀门井内，其平面尺寸由水管直径及附件种类和数量决定，一般阀门井内径 100~280cm（管径 DN75~1000mm 时），井口 DN60~80cm，井深由水管埋设的深度决定。

▶ 阀门井

2.1.3　消防栓

消防栓为城镇街道、建筑物、公园、风景区等场所的取水灭火设施，分为地上式和地下式两大类。地上式易于寻找，使用方便，但易被碰坏；地下式适于气温较低地区，一般安装在阀门井内。在城市室外消防栓的间距在 120m 以内，公园和风景区根据建筑情况而定。一般消防栓距建筑物应在 5m 以上，距离车行道应在 2m 以内，以便于消防车取水的连接。

◀◀ 地上式消防栓

2.2 排水工程材料

园林排水工程包括雨水排水系统和污水排水系统。

为保证正常的排水功能，排水工程材料必须满足下列要求：

（1）具有足够的强度，能够承受外部的荷载和内部的水压。

（2）必须不渗漏，防止污水渗出或地下水渗入而污染或腐蚀其它管道。

（3）具有抵抗污水中杂质的冲刷、磨损及抗腐蚀的性能。

（4）内壁要整齐光滑，使水流阻力尽量减小。

（5）尽量就地取材，减少成本及运输费用。

2.2.1 排水管材

常用排水管道多为圆形管，材质以非金属管为主，质轻易搬运，安装方便，且具有抗腐蚀的性能。

1. 金属管

常用的铸铁管和钢管强度高，抗渗性好，内壁光滑，水冲无噪声，防火性能好，抗压抗振性能强，节长且接头少，易于安装与维修，但价格较贵，耐酸碱腐蚀性差。钢管常用于压力排水管。

▶ 球墨铸铁管

2. 混凝土管和钢筋混凝土管

混凝土管和钢筋混凝土管适用于排除雨水、污水，具体分为混凝土管、轻型钢筋混凝土管、重型钢筋混凝土管三种。

混凝土管的管径一般小于45cm，长度多为1m，适用于管径较小的无压管。管口通常有承插式、企口式、平口式。当管道埋深较大或敷设在土质条件不良的地段或当管径大于40cm时，为抗外压而采用钢筋混凝土管。混凝土管制作方便、价格低、应用广泛，但抵抗酸碱侵蚀及抗渗性差，管节短，接口多，搬运不便。

▲ 混凝土管地下埋设

3. 塑料管

塑料管内壁光滑，抗腐蚀性能好，水流阻力小，节长且接头少，但抗压力不高。一般用于室外小管径排水，主要有PVC管、PVC双壁波纹管、U–PVC管、U–PVC加筋管等。

（1）PVC管：主要材料为聚氯乙烯，加入适量助剂，经挤出或注射成型的塑料制品。加入助剂成分的作用为增强耐热性、韧性及延展性等。这种表面膜的最上层是漆，中间层是聚氯乙烯，最下层是背涂黏合剂。PVC管是当今世界颇为流行并被广泛应用的一种合成材料，是传统铸铁管的理想替代品。一般有白色和灰色，其它颜色可由供需双方商定。

（2）PVC双壁波纹管：是一种新型轻质管材，内壁光滑平整，外壁呈梯形波纹状，内外壁间有中空层。其独特的管壁结构设计使其具有质量轻、刚度大、耐高压、韧性好、耐腐蚀、耐磨性好、施工方便、安装成本低、使用寿命长等特点，是传统水泥管、铸铁管等其它材质管材的最佳替代产品。

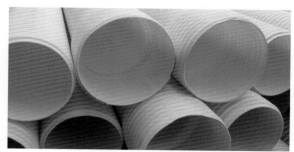
▶ PVC双壁波纹管

（3）U-PVC管（又称PVC-U管）：主要材料为聚氯乙烯，加入适量的稳定剂、润滑剂、填充剂、增色剂等注塑合成的管材。与传统的管道相比，具有重量轻、耐腐蚀、水流阻力小、节约能源、安装迅捷、造价低等优点，因而受到大力推广应用，效益显著。

U-PVC管的接口有三种方式：橡胶圈接口、胶水粘接口、法兰连接口。

①橡胶圈接口方式：是在管材的一端通过自动扩口机扩成带凹道的承口，放上柔性橡胶密封圈，另外一根管材未扩口的一端插进装好密封围的承口里完成连接。

②胶水粘接口方式：是在管材的一端扩成平滑的承口，另外一根未扩口的管材的端口外表和扩好承口的里表涂抹上专用胶水，然后相承插完成连接。

③法兰连接口方式：是管材与传统管道、蝶阀、闸阀、流量计等连接时，管材被连接的一端与U-PVC管法兰接好后再与其通过螺丝紧固连接的方式。

（4）U-PVC双壁波纹管：主要原料为聚氯乙烯，是由挤出机一次挤出成型，外壁为横向波纹状的新型管材。其结构合理，内壁光滑，强度高，耐腐蚀，刚性好，施工简便，使用寿命可长达50年，已在工业发达国家的排水、排污系统中得到了广泛使用。在国内也正逐渐替代长期以来建筑室外排水系统、城市市政排污系统中使用较多的混凝土管，是我国建设部推广使用的室外新型排水管之一。

（5）FRPP双壁加筋管：主要原料为聚丙烯树脂，是一种采用先进配方，加入适量的玻璃纤维丝和改性助剂，用独特的成型工艺装置连续挤塑成型，为重量轻、内壁光滑、强度高、耐腐蚀、外壁采用工字钢原理并带有垂直加强筋的新型管材。

FRPP加筋管适用于软土质地区，广泛应用于市政工程雨水、污水排放、工业废水排放、小区排水工程、渔业输水、矿井通风、水利工程、农林排灌等。

（6）FRPP模压排水管：主要原料为聚丙烯，是21世纪开发的新型排水、排污管道。具有重量轻、刚度大、耐腐蚀、不易渗漏、内壁光滑、不易结垢、流体阻力小、抗弯性能好等特点，属绿色环保高新科技产品。常用规格为DN800~1200mm大口径模压排水管。

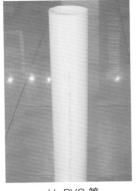

▲ U-PVC 管　　▲ U-PVC 波纹管

▲ U-PVC 双壁波纹管

▲ FRPP 双壁加筋管

▲ FRPP 加筋管制造

2.2.2　排水管渠附属构筑物

1. 检查井

检查井用于对管道进行检查和清理，同时也起连接管段的作用。检查井常设在管渠转弯、交汇、管渠尺寸变化和坡度改变处，在直线管段相隔一定距离也需设检查井。相邻检查井之间管渠应成一直线。检查井分不下人的浅井和需下人的深井，常用井口为60~80cm。

▲ 检查井　　▲ 铺装面上检查井盖

2. 跌水井

跌水井是设有消能设施的检查井。当遇到下列情况且跌差大于 1m 时需设跌水井：

（1）管道流速过大，需加以调节处。

（2）接入较低的管道处。

（3）管道遇到地下障碍物，必须跌落通过处。

常见跌水井有竖管式、阶梯式、溢流堰式等。

3. 出水口

出水口的位置和形式，应根据水位、水流方向、驳岸形式等设定。雨水管出水口最好不要淹没在水中，管底标高在水体常水位以上，以免水体倒灌。出水口与水体岸边连接处，一般做成护坡或挡土墙，以保护河岸及固定出水管渠与出水口。园林的雨水口、检查井、出水口，在满足构筑物本身的功能以外，其外观应作为园景来考虑，可以运用各种艺术造型及工程处理手法加以美化，使之成为独特的一景。

4. 雨水口

雨水口是雨水管渠上收集雨水的构筑物。地表径流通过雨水口和连接管道流入检查井或排水管渠。雨水口由进水管、井筒、连接管组成，雨水口按进水比在街道上设置位置可分为：边沟雨水口、侧石雨水口、联合式雨水口等。雨水口常设在道路边沟、汇水点和截水点上。雨水口的间距一般为 25~60m。

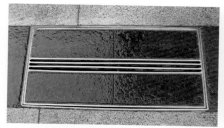
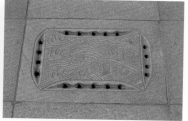

▲ 各种样式的雨水口

▲ 草坪内雨水口

▶ 踏步脚加盖雨水沟

2.3 喷灌工程材料

园林喷灌系统是自动供水的一种常用设施，是由灌溉设备按照一定的方式安装连接而成，现已成为各种园林绿地工程必不可少的组成部分。

2.3.1 控制设备

1. 状态性控制设备

状态性控制设备是指给水系统和喷灌系统中能够满足设计和使用要求的各类阀门，其作用是控制给水网或喷灌网中水流的方向、速度和压力等状态参数。按照控制方式的不同，可将这些阀门分为手控阀、电磁阀和水力阀。

▲ 闸阀

（1）手控阀

绿地喷灌系统中常用的手控阀有闸阀、球阀和快速取水器。

1）闸阀是一种广泛使用的阀门，具有水流阻力小、操作省力的优点，还可有效地防止水锤现象发生。但是，闸阀的结构复杂，密封面容易擦伤影响止水效果，高度尺寸较大。

2）球阀是喷灌系统中使用最多的一种阀门，其优点为密封性好，结构简单，体积小，质量轻，对水流阻力小。但是，难以做到流量的微调节，启闭速度不易控制，且容易在管道内产生较大的水锤压力。

▲ 球阀

3）快速取水器材质一般为塑料或黄铜，由阀体和阀钥匙组成。阀体与地下管道通过铰接杆连接，其顶部与草坪根部平齐。

根据快速取水器是否独立于喷灌管网，可将喷灌系统分为合流制系统和分流制系统。

①合流制系统：指快速取水器直接与喷灌管网连接。这种系统的工程造价低，但使用不方便，当喷灌系统停止工作时，快速取水器将无法供水。此外，快速取水器在使用时对附近喷头的工作压力影响较大，甚至会影响喷头的喷洒效果。

▲ 取水器

②分流制系统：指快速取水器自成独立的管网系统，直接与供水干管连接。喷灌系统工作与否，快速取水器都具有供水能力。分流制系统的工程造价较高。

（2）电磁阀

电磁阀是自控型喷灌系统常用的状态性控制设备，具有工作稳定、使用寿命长、对工作环境无苛刻要求等特点。

1）构造主要由阀体、阀盖、隔膜、电磁包、放水阀门和压力调节杆等部分构成。

2）类型分为直阀和角阀两类。

3）绿地喷灌系统中常用电磁阀的规格有 20mm、25mm、32mm、40mm、50mm 和 75mm，与管道的连接有螺纹和承插方式。

▲ 电磁阀

2. 安全性控制设备

安全性控制设备是指保证喷灌系统在设计条件下安全运行的各种控制设备，如减压阀、逆止阀、调压孔板、空气阀、水锤消除阀和自动泄水阀等。

（1）减压阀

减压阀的作用是在设备或管道内的水压超过其正常的工作压力时自动消除多余的压力。

（2）逆止阀

逆止阀也称为单向阀或止回阀，是根据阀前和阀后的水压差而自动启闭的阀门，其作用是防止管中的水倒流。

（3）调压孔板

调压孔板的工作原理是：在管道中设置带有孔口的孔板，对水流产生较大的局部阻力，从而达到消除水流剩余水头的目的。

▲ 可调式减压阀

（4）空气阀

空气阀是喷灌系统中的重要附件之一，其作用是自动排气，满足喷灌系统的运行要求。空气阀主要由阀体、浮块、气孔和密封件等部分构成，阀体一般是耐腐蚀性较强的工程塑料或金属材料。

空气阀在绿地喷灌系统中的主要作用如下：

1）当局部管道中存有空气时，使管道的过水断面减小，压力增加。空气阀可以自动排泄空气，保证管道正常的过水断面和喷头的工作压力，避免管道破裂。

▲ 止回阀

2）冬季泄水时，通过空气阀向喷灌管网管道补充空气，保证管道中足够的泄水压力。避免因管道中的负压现象造成泄水不畅，留下管道破裂的隐患。

（5）水锤消除阀

水锤消除阀是一种当管道压力上升或下降到一定程度时自动开启的安全阀。根据水锤消除阀的启动压力与管道正常工作压力的关系，可将水锤消除阀分为上行式和下行式。

▲ 泄压阀

1）上行式水锤消除阀：当管道压力上升至一定程度时自动开启，用于减少管道超额的压力，防止水锤事故。

2）下行式水锤消除阀：下行式水锤消除阀是当管道中的压力降至某一数值后自动启动的安全阀。

▼ 苗圃喷灌设施

（6）自动泄水阀

自动泄水阀在绿地喷灌系统中的作用是自动排泄管道中的水，避免冰冻对管道的危害。

在绿地喷灌系统的规划设计和施工中，尽量考虑利用手动球阀来完成自动泄水阀的冬季泄水功能，有以下几点理由。

1）自动泄水阀会在每次喷灌结束后放掉管道中的水，如果在非冰冻季节里，这样做不符合节约用水的要求。

2）自动泄水阀的泄水速度较慢，如果安装位置选择不当，则难以保证冬季泄水的安全。

2.3.2　加压设备

1. 离心泵

离心泵是叶片式水泵中利用叶轮旋转时产生的惯性离心力来抽水的。根据水流进水叶轮的方式不同，又可分为单进式（也称单吸式）和双进式（也称双吸式）。

（1）单级单吸式离心泵主要有四个系列，即 IB 型、IS 型、B 型和 BA 型，其中 IB 型、IS 型泵是 B 型和 BA 型泵的更新换代产品。

▲电力离心式水泵

▲汽油动力离心式水泵

（2）单级双吸式离心泵主要有 S 型泵和 Sh 型泵两个系列，泵体均为水平中开式接缝，进水口与出水口均在泵轴线下方的泵座部分，成水平直线方向，与泵轴线垂直，检修起来特别方便，不需拆卸旁边的电机和管线。

（3）多级离心泵主要有 D 型泵和 DG 型泵两个系列，其中 D 型泵系列更适合于大面积绿地喷灌。

▲S 型单级双吸清水离心泵

2. 井用泵

井用泵是专门从井中提水的一种叶片泵。井用泵有长轴井泵和井用潜水泵两个系列，长轴井泵的动力机安装在井口地面上，靠一根很长的分节传动轴带动淹没在井水中的叶轮旋转；井用潜水泵是将长轴井泵的长轴去掉，电动机与水泵连成一体，工作时机泵一起潜入水中，在地面通过电缆将电源与电机连通，驱动水泵叶轮旋转的一种井用泵。

（1）长轴井泵按扬程高低可分为浅井泵和深井泵。浅井泵扬程在 6m 以下，适用于井径较大的机井或大口径水井，多用于提取浅层地下水。

（2）井用潜水泵是一种由潜水异步电机和水泵同轴组成一体的泵型。其种类较多，多用于提取深层地下水。

▲多级水泵

3. 小型潜水泵

小型潜水泵也是一种机泵合一的泵型，与井用潜水泵相比，它具有体积小，质量轻，使用、维修方便和运行可靠等优点。它的电机有使用三相电源和单相电源之分。

▶小型潜水泵

2.3.3　过滤设备

1. 离心过滤器

　　绿地喷灌系统常用离心过滤器的构造，主要部分有罐体、接砂罐、进出水口、排砂口和冲洗口。离心过滤器的工作原理是：有压水流由进水口沿切向进入锥形罐体，水流在罐内顺罐壁运动形成旋流；在离心力和重力的作用下，水流中的泥沙和其他密度大于水的固定颗粒向管壁靠近，逐渐沉积，最后进入底部的接砂罐；清水则从过滤器顶部的出水口择出，水砂分离完成。

2. 砂石过滤器

　　砂石过滤器是给水工程中常用的净化水的方法，采用砂石过滤器去除水中的藻类和漂浮物等较轻的杂物。使用砂石过滤器应注意下列几点：

　　（1）严格控制过滤器的工作流量，使其保持在设计流量的范围内。过滤器的工作流量过大，会造成"砂床流产"，导致过滤效果下降。

　　（2）砂石过滤器可作为单级过滤，也可与网式过滤器或叠片过滤器组合使用。

　　（3）在过滤器进、出水口分别安装压力表。根据进、出水口之间压差的大小，定期进行反冲洗，以保证出水水质。

　　（4）对于沉积在砂石层表面的污染物，应定期用干净颗粒代替。视出水水质情况，一年应处理1~4次。

3. 网式过滤器

　　网式过滤器主要用于水源水质较好的场合，也可与其它类型的过滤器组合使用，作为末级过滤设备。使用网式过滤器应注意下列几点：

　　（1）在过滤器进、出水口分别安装压力表。当过滤网上积聚了污物后，过滤器进、出水口之间的压差会急剧增加，根据压差大小定期将滤网拆下清洗，保证出水水质能够满足喷灌系统的用水要求。

　　（2）网式过滤器的水流方向一般是从滤网的外表面指向内表面。应按照设备上标明的水流方向安装使用，不可逆转。

▲ 网式过滤器

4. 叠片过滤器

　　叠片过滤器主要由罐壳、叠片、进出水口和排污口构成。叠片的一面是一条连续的径向肋，另一面是一组同心环向肋。叠片过滤器具有以下特点：

　　（1）在同样体积的过滤器设备中，叠片过滤器具有较大的过滤表面积。

　　（2）水流阻力小，因而运费较低。

　　（3）杂物滞留空间大，这意味着反冲洗频率低。

　　（4）反冲洗时只需要轻轻转动几下罐体，无需拆卸，几十秒即可完成。

　　叠片过滤器对水中杂质的过滤程度取决于环内向肋的高度，生产厂家通常利用碟片的颜色来区别其过滤精度，规划设计时应根据水质条件和喷灌系统的要求合理选用。

2.3.4　喷灌管材

　　在目前喷灌工程中，聚氯乙烯（PVC）、聚乙烯（PE）和聚丙烯（PPR）等塑料管正逐渐取代其它材质的管道，成为喷灌系统的主要管材。

（1）聚氯乙烯（PVC）管

聚氯乙烯管材是将聚乙烯树脂、增塑剂、稳定剂、填充剂和其它外添加剂按照一定比例均匀混合，加热塑化后，挤出、冷却定型而成。根据管材外观的不同，分为光滑管和波纹管。

绿地喷灌系统使用的硬质聚氯乙烯管件主要是给水系列的一次成型管件，具体有胶合承插型、弹性密封圈承插型和法兰连接型管件。

（2）聚乙烯（PE）管

聚乙烯管材分为高密度聚乙烯（HDPE）管材和低密度聚乙烯（LDPE）管材。

高密度聚乙烯管材具有较好的物理学性能，使用方便，耐久性好，但由于价格昂贵，在喷灌系统中很少采用。低密度聚乙烯管材质较软，力学强度低，但化学稳定性好，能够抵抗一定浓度的酸、碱、盐类及有机溶剂的腐蚀作用，具有良好的延伸性和力学性能，无毒，加工性能好，适合于较复杂的地形敷设，是绿地喷灌系统中经常使用的聚乙烯管材。

（3）聚丙烯（PPR）管

聚丙烯管材的最大特点是耐热性优良。聚氯乙烯管材和聚乙烯管材的使用温度均局限于60℃以下，而聚丙烯管材在短期内使用温度可达100℃以上，正常情况可在80℃条件下长时间使用。聚丙烯管材的这个特性，使其能使用于某些特殊的场合。

聚丙烯树脂是一种高结晶聚合物，加工温度为160~170℃，成型温度控制比较严格，一般以甘油浴方式加工管材及制作管件。

2.3.5　喷灌喷头

1. 喷头的分类

（1）按非工作状态分类

1）外露式喷头是指非工作状态下暴露在地面以上的喷头。

2）埋地式喷头是指非工作状态下埋藏在地面以下的喷头。

▲ 埋地式喷头

（2）按射程分类

1）近射程喷头是指射程小于8m的喷头。

2）中射程喷头是指射程为8~20m的喷头。

3）远射程喷头是指射程大于20m的喷头。

◀旋转式喷头

（3）按工作状态分类

1）固定式喷头是指工作时喷芯处于静止状态的喷头，也称为散射式喷头，工作时有压水流从预设的线状孔口喷出，同时覆盖整个喷洒区域。

2）旋转式喷头是指工作时边喷洒边旋转的喷头。

▲ 倒挂喷头　　▲ 地插喷头　　▲ 四头滴尖

2. 喷头的构造

喷头一般由喷体、喷芯、喷嘴、滤网、弹簧和止溢阀等部分，旋转式喷头还多了传动装置。

（1）喷体是喷头的外壳部分，它是支撑喷头的部件结构。喷体一般由工程塑料制成，底部有标准内螺纹，用于和管道连接。

（2）喷芯是喷头的伸缩部分，为喷嘴、滤网、止溢阀、弹簧和传动装置（在旋转喷头的场合）提供结构支撑。

（3）喷嘴是喷头的重要部件之一，是水流完成压力流动进入大气的最后部分。

1）固定式喷头：多为线状喷嘴，喷嘴与喷芯以螺纹相连接，便于施工人员根据设计要求现场调换；只有个别情况喷嘴与喷芯是连为一体的，不可调换，设计选型和材料准备时要加以注意。

2）旋转式喷头：一般采用单孔或多孔的置换喷嘴。

（4）弹簧由不锈钢制成，作用是当喷灌系统关闭后使喷芯复位。

（5）滤网作用是截留水中的杂质，以免堵塞喷嘴。

（6）止溢阀位于喷芯的底部，一般属于选择部件。

（7）传动装置作用是驱使喷芯在喷洒过程中沿喷头轴线旋转。

3. 喷头的性能

喷头的性能参数包括工作压力、射程、射角、出水量和喷灌强度等。它们是规划设计中喷头选型和布置的依据，直接影响着喷灌系统的质量。

（1）工作压力是指保证喷头的设计远程和雾化强度时喷头进口处的水压。

（2）射程是指雨量筒中收集的水量为 0.3mm/h（喷头流量小于 $0.25m^3/h$ 时为 0.15mm/h）的那一点到喷头中心的距离。

（3）射角是指喷嘴处水流轴线与水平线的夹角。理想情况下，45°射角的喷洒距离最大。受到空气阻力和风力的影响，实际的喷头射角往往比理想的值大。常见的喷头射角如下：

1）低射角为小于 20°，具有良好的抗风能力，但以损失射程为代价，多用于多风地区的喷灌系统。

2）标准射角为 20°~30°，多用于一般气象条件和地形条件下的绿地喷灌系统。

3）高射角为大于 30°，抗风能力较差，多用于陡坡地形和其它有特殊要求的喷灌系统。

（4）喷灌强度是指单位时间喷洒在单位面积上的水量，或单位时间喷洒在灌溉区域上的水深。一般情况下，当涉及喷头的喷灌强度时，总是有些附加条件，在喷头的选型时应加以注意。

（5）出水量是指单位时间喷头的喷洒水量。

4. 喷头的规格

喷头的规格是指喷头的静态高度、伸缩高度、暴露直径、接口规格和喷洒范围等，这些参数与设备安装有直接的关系。

（1）喷头的静态高度是指喷头在非工作状态下的高度。

（2）喷头的伸缩高度是指工作状态下喷芯升起的高度。

（3）喷头的接口规格是指喷头与管道接口的规格。

（4）喷头的暴露直径是指喷头顶部的投影直径。

（5）喷头的喷洒范围是指无风状态下，喷头喷洒在绿地上形成的湿润范围。

▲ 旋转式喷头喷灌实景

5. 喷头的主要特点

（1）地埋式喷头在非工作状态下，无任何部分暴露在地面以上，既不妨碍园林绿地的养护工作，也不影响整体的景观效果，在一定程度上还可以免遭人为损坏。

（2）具有较稳定的"压力—射程—流量"关系，便于控制喷灌强度和喷洒均匀度等喷灌技术要素。

（3）射程、射角和覆盖角度的调节性好，能更好地满足不规则地形、不同种植条件对喷灌的要求，便于实现专业化喷灌。

（4）产品的规格齐全，选择范围广，能满足不同类型绿地对喷灌的专业化要求。

（5）自带过滤装置，对喷灌水源的水质无苛刻要求，使推广应用更为容易。

（6）使用工程塑料和不锈钢材质，不但降低了对应用环境的要求，也大大延长了其使用寿命。

（7）止溢阀结构可以有效地防止系统停止运行后，管道中的水从地势较低处的喷头溢出，避免形成地表径流或积水。

（8）运动场草坪专用喷头顶部的柔性护盖或防护草坪，能有效地保护运动员免受伤害。

2.4　供电工程材料

2.4.1　配电箱

　　配电箱是按电气接线要求将开关设备、测量仪表、保护电器和辅助设备组装在封闭或半封闭的金属柜中或屏幅上，构成低压配电装置。正常运行时，可借助手动或自动开关接通或分断电路；发生故障或不正常运行时，能借助保护电器切断电路或报警；借助测量仪表可显示运行中的各种参数，还可对某些电气参数进行调整，对偏离正常工作状态进行提示或发出信号。

▲ 小型配电箱　　　▲ 室外中型配电箱　　　　　　▲ 室外大型配电箱

1. 配电箱的分类

　　配电箱按结构特征和用途分为固定面板式开关柜、防护式（即封闭式）开关柜、抽屉式开关柜以及动力和照明配电控制箱等。

　　（1）固定面板式开关柜。常称为开关板或配电屏，是一种有面板遮拦的开启式开关柜。正面有防护作用，背面和侧面仍能触及带电部分，防护等级低，只能用于对供电连续性和可靠性要求较低的场所，作变电室集中供电用。

　　（2）防护式（即封闭式）开关柜。是指除安装遮拦面板外，其它所有侧面都被封闭起来的一种低压开关柜。这种柜子的开关、保护和监测控制等电气元件，均安装在一个用钢或绝缘材料制成的封闭外壳内，可靠墙或离墙安装。柜内每条回路之间可以不加隔离措施，也可以采用接地的金属板或绝缘板进行隔离；通常门与主开关操作有机械联锁。另外，还有防护式台型开关柜（即控制台），在面板上装有控制、测量、信号等电器。防护式开关柜主要用作工程施工现场的配电装置。

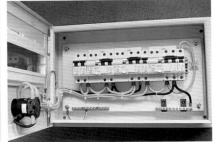

▲ 防护式开关柜内部构造

　　（3）抽屉式开关柜。这类开关柜采用钢板制成封闭外壳，进出线回路的电器元件都安装在可抽出的抽屉中，构成能完成某一类供电任务的功能单元。功能单元与母线或电缆之间，用接地的金属板或塑料制成的功能板隔开，形成母线、功能单元和电缆三个区域。每个功能单元之间也有隔离措施。抽屉式开关柜具有较高的可靠性、安全性和互换性，是比较先进的开关柜。目前生产的开关柜，多数是抽屉式开关柜。适用于要求供电可靠性较高的工矿企业、高层建筑，作为集中控制的配电中心。

（4）**动力和照明配电控制箱。**多为封闭式垂直安装。因使用场合不同，外壳防护等级也不同。主要作为工矿企业生产现场、园林工程施工现场的配电装置。

2. 配电箱安装的要求

配电箱是园林工程施工现场电源与用电设备的中枢环节，而开关箱上接电源线下接用电设备，也是用电安全的关键，所以是否正确设置是非常重要的。

按照标准要求，施工现场应实行"三级配电，两级保护"。"三级配电"即在总配电箱上设分配电箱，分配电箱以下设开关箱，开关箱是末级，以下才是用电设备，这样形成了三级配电。"两级保护"是指除在末级（开关箱）设置漏电保护外，还要在上一级（分配电箱）设置漏电保护，总体上形成两级保护，两级漏电保护器之间具有分级分段的保护功能。

配电箱应采用金属箱体，选用户外防雨型，箱内要设置保护零线端子排、工作零线端子排。箱内电器安装板采用铁板，与保护零线端子排做良好连接。箱门也需用黄绿双色线与保护零线端子排做良好连接并上锁。箱体用红漆作"有电危险"等警告标记。

▲ 防护式开关柜内部构造

箱内电器设置应按照"一机一闸一漏"的原则，每台用电设备都由一个电气开关控制，不能一个开关控制两台。《用电规范》第 7.2.5 条、第 7.2.7 条规定"每台用电设备应有各自专用的开关箱"、"必须实行一机一闸制"、"开关箱中必须装设漏电保护器"，把以上规定进行简单归纳，即为"一机一闸一漏一箱"。

3. 配电箱内电器的选择

在配置配电箱内电器时，应慎重考虑上下级保护动作的选择性。这里的选择性有两个内容，一个是上下级断路器短路保护的选择性，一个是上下级漏电开关漏电保护的选择性。在一个配电箱内总电源开关与支线开关之间存在上下级短路保护的选择性问题，一般为了配电箱整齐美观，往往采用同型号的断路器，即使电源总开关与分支开关采用不同型式的瞬时脱扣器，也很难以得到满意的选择性配合。而且即使是按照某生产企业给出的选择性配合要求进行配置，也难得到有效的选择性配合。因此，在一个配电箱内的电源总开关应采用隔离开关而不是自动空气开关。隔离开关可以在正常情况下切断电源，起到隔离电源作用并方便维修，可省去一个级间保护选择性要求，使上一级配电箱更易保护选择性。

要保证漏电开关的选择性，就要精心选择上下级额定漏电动作电流和上下级漏电动作时间。在进行选择时，应遵循以下原则进行：末端线路上（开关箱内）的漏电保护器的额定漏电动作电流 $I\Delta n$ 值选用 30mA；上级漏电保护电器的 $I\Delta n_1$ 值必须是下级 $I\Delta n_2$ 的一倍，即 $I\Delta n_1 \geq 2I\Delta n_2$。我国漏电保护器产品执行标准 (GB6829) 规定：在漏电电流为 $I\Delta n$ 时，直接接触保护用的漏电保护器最大分断时间为 0.1s，间接接触保护用的漏电保护器最大分断时间为 0.2s。因此，末端保护的漏电保护器应选用直接接触保护用的，额定动作时间要 ≤ 0.2s，上一级的漏电保护器额定动作时间要增加延时 0.2s 才不致引起误动作。目前国内市场的许多漏电保护器的产品说明书中都不说明是用作直接接触保护还是用作间接接触保护，为此在选用时应选择符合要求的漏电保护器。采用漏电保护器作分级保护时最好为二级，过多级数将难以得到有选择性的保护。

4. 配电箱的故障和改进方法

（1）配电箱发生故障的原因

1）环境温度对低压电器影响引起的故障

工地配电箱中的低压电器，由熔断器、交流接触器、剩余电流动作保护器、电容器及计量表等组成。这些低压电器均按《GB1497低压电器基本标准》进行设计和制造，并对它们的正常工作条件作了相应规定：周围空气温度的上限不超过40℃；周围空气温度24h的平均值不超过35℃；周围空气温度的下限不低于−25℃。

工地配电箱在室外运行，它不但受到阳光的直接照射产生高温，同时运行中自身也会产生热量，所以在盛夏高温季节，箱体内的温度将会达到60℃以上，这时的温度大大超过了这些电器规定的环境温度，因而会发生因工地配电箱内电器元件过热而引起的故障。

2）产品质量不好引起的故障

由于工地配电箱内某些电器产品的质量不好，造成了投入运行后不久就发生故障。如有些型号交流接触器在工地配电箱投运后不久，就因接触器合闸线圈烧坏而无法运行。

3）配电箱内电器选择不当引起的故障

由于在制造时对交流接触器容量选择不很恰当，对不同出线回路安装同容量的交流接触器，且未考虑到三相负荷的不平衡情况，而未能将部分出线接触器电流等级在正常选择型号基础上，提高一个电流等级选择，因而导致夏季高温季节运行时出现交流接触器烧坏的情况。

（2）配电箱的改进方案

1）对于配电变压器容量在100kVA及以上的工地配电箱体，在箱内散热窗靠侧壁处，应考虑安装温控继电器（JU-3型或JU-4超小型温度继电器）和轴流风机，安装在控制电器板上方左侧面的箱体上，以便使箱内温度达到一定值时（如40℃）能自动启动排气扇，强行排出热量以使箱体散热。

2）采用保护电路防止工地配电箱供电的外部电路故障的发生。选择体积较小的智能缺相保护器，如可选用DA88CM-II型电机缺相保护模块，安装于工地配电箱内以防止因低压缺相运行而烧坏电动机。

3）改进工地配电箱的低压电容器组的接线方式，将其安装位置由交流接触器上桩头，改成接在工地配电箱低压进线与计量表计之间，防止因运行中电容器电路发生缺相故障或电容器损坏时，造成计量装置计量不准确。此外，电容器选择型号应为BSMJ系列产品，以保证元件质量可靠、安全运行。

4）若新增柱上配电台架，在制作工地配电箱外壳时，可选2 mm厚的不锈钢板材，并适当按比例放大工地配电箱的尺寸，以增加各分路出线之间、出线与箱体外壳的电气安全距离。这样有利于电工的操作维护和更换熔件，同时也有利于散热。

5）选用节能型交流接触器（类似CJ20SI型）产品，并注意交流接触器线圈电压与所选剩作电流动作保护器的相对应接线端子相连，注意进行正确的负载匹配。选择交流接触器时，应选用其绝缘等级为A级及以上产品，必须保证其主回路触点的额定电流应大于或等于被控制的线路的负荷电流。接触器的电磁线圈额定电压为380V或220 V，线圈允许在额定电压的80%~105% 范围内使用。

6）剩余电流动作保护器的选用，必须选用符合GB6829《剩余电流动作保护器的一般要求》标准并经中国电工产品认证委员会认证合格的产品。保护器装置的方式要符合国家GB13955-2005《剩余电流动作保护装置的安装和运行》标准。当漏电保护器的漏电电流为额定漏电电流时，其动作时间不应大于0.2s。

7）工地配电箱的进出线应选用低压电缆，电缆的选择应符合技术要求。例如30kVA、50kVA变压器的工地配电箱的进线使用VV22-35×4电缆，分路出线使用同规格的VLV22-35×4电缆；其电缆与铜铝接线鼻压接后再用螺栓与工地配电箱内接线桩头连接。

8）熔断器（RT、NT型）的选用。配电变压器的低压侧总过流保护熔断器的额定电流，应大于配电变压器的低压侧额定电流，一般取额定电流的1.5倍，熔体的额定电流应按变压器允许的过负荷倍数和熔断器特性确定。出线回路过流保护熔断器的熔体额定电流，不应大于总过流保护熔断器的额定电流，熔体的额定电流按回路正常最大负荷电流选择，并应躲过正常的尖峰电流。并联电容器组熔断器的额定电流一般可按电容器额定电流的1.5~2.5倍选取。

9）为了对低压电网无功功率进行分析，在箱内安装一只 DTS（X）系列的有功、无功二合一多功能电能表（安装在计量表计板侧），用于更换原安装的三只单相电能表（DD862 系列表），以便于对负荷的在线运行监测。

2.4.2 电线电缆

电线电缆是指用于电力、通信及相关传输用途的材料。"电线"和"电缆"并没有严格的界限，通常将直径小、芯数少、结构简单的产品称为电线，其它的产品称为电缆。电线中心导体截面积较大的（大于 6mm^2）称为粗电线，导体截面积较小的（小于或等于 6mm^2）称为细电线；没有绝缘层的电线称为裸电线，有绝缘层的电线称为布电线。

1. 电缆的构造

电缆主要由缆芯、绝缘层和保护层构成。

（1）缆芯——是导电的主芯线，用以导通电流传递电信号，一般采用高导电率的铜材料制成，以减小电能损耗和发热量。电缆的缆芯形状大多为圆形，分为单股和多股。室外配电线路应选用铜芯电缆。

（2）绝缘层——使缆芯与缆芯之间以及缆芯与大地之间保持绝缘，保证电缆在长期工作条件下不降低原有的信号强度。绝缘层一般采用橡胶或聚氯乙烯等材料制成。

▲ 聚氯乙烯绝缘电线

绝缘层分为分相绝缘层和统包绝缘层两种。分相绝缘层是指包绕在裸体线芯上的绝缘层，为了便于区别相位，各缆芯的绝缘层分别为不同的颜色（红、绿、黑等）；各缆芯绞合后外面再包上绝缘层的即为统包绝缘层。

（3）保护层（又称为护套）——用以保护缆芯绝缘以及不受机械拉力和外界机械损伤，通常采用塑料或橡胶制成。保护层分为两部分，即内护层和外护层。内护层的作用是避免电缆的内部受潮以及轻度的机械损伤；而外护层是用来保护内护层的，用以防止内护层受到机械损伤或强烈的化学腐蚀。

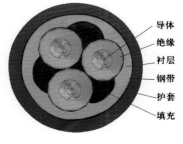

导体
绝缘
衬层
钢带
护套
填充

▲ 聚氯乙烯绝缘电线横断面

2. 电缆的种类

（1）根据绝缘材料的不同，可分为塑料绝缘电缆和橡胶绝缘电缆。其中塑料绝缘电缆又可分为聚氯乙烯绝缘电缆、聚乙烯绝缘电缆和交联聚乙烯绝缘电缆。橡胶绝缘电缆则可分为橡胶绝缘型电缆和合成橡胶绝缘型电缆。

（2）根据保护套的不同，可分为铠装电缆、塑料护套电缆和橡胶护套电缆。根据铠装形式的不同，又可分为钢带铠装电缆和钢丝铠装电缆。

▲ 聚氯乙烯绝缘电线　　　　　　　▲ 铠装电缆

（3）根据特殊要求的不同，不断衍生出新产品，如耐火电缆、阻燃电缆、低烟无卤/低烟低卤电缆、防老鼠/防白蚁电缆、耐油/耐热/耐寒/耐磨电缆、医用/农用/矿用电缆等。

光纤光缆，也是新一代的传输介质，支持的最大连接距离达2km以上，是组建较大规模网络的必然选择。它具有抗电磁干扰性好、保密性强、速度快、传输容量大等优点。

3. 电缆的选择

（1）在选择控制电缆时，应主要考虑以下因素：

1）根据使用要求和技术经济指标选择电缆的绝缘结构。

2）根据电磁阀的数量选择控制电缆的芯数。

3）根据敷设方式和敷设环境选择电缆的保护层结构。

4）在以上三项选择完成以后，根据电缆敷设长度选择电缆的导体截面，以确定电缆的规格。

（2）绝缘材料、护套及防护结构的选择

1）交联聚乙烯绝缘电缆是结构简单、允许温度高、载流量大、重量轻的新产品，适合优先选用。

2）聚氯乙烯绝缘电缆具有制造工艺简单、价格便宜、重量轻、耐酸碱、不延燃等优点，宜用于一般工程。

3）空气中敷设的电缆，有防鼠害、蚁害要求的场所，应选用铠装电缆。

4）室内电缆沟、电缆桥架、隧道、穿管敷设等，适合选用带外护套而不带铠装的电缆。

5）直埋电缆适合选用能承受机械张力的钢丝或钢带铠装电缆。

（3）电缆线芯截面的选择

1）按持续工作电流选择电缆。

2）按经济电流密度选择电缆。

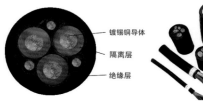

▲橡胶绝缘电缆横断面　　▲不同规格橡胶绝缘电缆　　▲交联聚乙烯电缆横断面　　▲交联聚乙烯电缆内部构造

▲橡胶绝缘电缆成品　　　　　　▲橡胶绝缘电缆横断面　　　　　　▲交联聚乙烯电缆

03 园路工程材料

YUANLU GONGCHENG CAILIAO

　　园路即是园林中的道路，是园林景观的重要组成部分，起着组织空间、交通联系、引导游览以及为人们提供散步、休息的场所等作用。它像脉络一样，把园林的各个景区、景点连成整体，其蜿蜒起伏的曲线，丰富的寓意，精美的图案，都给人以美的享受。

　　根据园林的使用功能和地形、地貌、风景点的分布以及园务活动的需要，园路分为主路、支路、小路（游步道）和园务路。根据路面所用材料不同，有沥青混凝土路、水泥混凝土路、花岗岩路、青石板路、卵石路、砾石路、砖块路、木板路以及各种合成树脂构筑的园路等。

　　园路的断面构造一般分为四层，从下而上分别为地基、基层、结合层和面层。由于各层的要求不同，所采用的材料也不相同。

3.1　路基材料

　　路基是园路的基础，它为园路提供一个平整的基面，承受路面传下来的荷载，并保证路面有足够的强度和稳定性。假如路基的稳定性不良，应采取措施以保证路面的使用寿命。

　　路基建筑比较简单，常采用素土找平、重力夯实或大规格碎（砾）石铺摊整平、重力压实。

▲ 素土路基

▲ 块石铺填路基

▲ 机械推平

▲ 压路机压实

▲ 园区入口路基
（路中岗亭基础）

3.2 基层材料

基层在路基之上，它一方面承受由面层传下来的荷载，另一方面把荷载传给路基。因此，要有一定的强度，常用小规格碎（砾）石、灰土或各种矿物废渣等筑成。下面列举干结碎石、天然级配砂砾、石灰土、煤渣石灰土、二灰土、钢筋混凝土的配制方法与要求。

1. 干结碎石

干结碎石基层是指在施工过程中不洒水或少洒水，依靠充分压实或用嵌缝料充分嵌挤，使石料间紧密锁结所构成的具有一定强度的结构，厚度通常为 8~16cm，适用于园路中的主路等。

材料规格要求：石料强度不低于 8 级，软硬不同的石料不宜掺用；碎石最大粒径视厚度而定，通常不宜超过厚度的 70%，0.5~20mm 粒料占 10~20%，50mm 以上的大粒料占 60%~70%，其余为中等粒料。在选料时应将不同规格大致分开，分层使用。长条、扁片的含量不宜超过 20%，否则就要就地打碎作为嵌缝料使用。结构内部空隙要尽量填充粗砂、石灰土等材料，其数量约为 20%~30%。

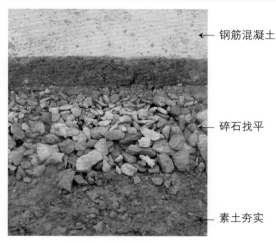

钢筋混凝土

碎石找平

素土夯实

▲ 园路基础立面结构

2. 天然级配砂砾

天然级配砂砾是用天然的低塑性砂料，经摊铺找平、喷洒适当水分、重力碾压整型所形成的基层结构，具有一定的密实度和强度。它的厚度一般为 10~20cm，若厚度超过 20cm 需分层铺筑。适用于园林中的各级路面，特别是有荷载要求的嵌草路面，如草坪停车场等。

材料规格要求：砂砾要求颗粒坚韧，粒径大于 20mm 的粗集料含量应占 40% 以上，其中最大粒径不可大于基层厚度的 70%；即使基层厚度大于 15cm，砂石最大粒径一般也不能大于 10cm；粒径 5mm 以下颗粒的含量应小于 35%，塑性指数不大于 7。

▲ 基层（碎石找平）

▲ 天然级配砂砾基层

3. 石灰土

石灰土基层是在粉碎的土中，掺入适量的石灰，按一定的技术要求把土、灰、水三者拌和均匀，在最佳含水量的条件下压实成型的结构层。

石灰土力学强度高，有较好的水稳性、抗冻性和整体性，它的后期强度也很高，适合于各种路面的基层。为了达到要求的压实度，石灰土基层要用不小于 12t 的压路机或用铲车等压实机械进行碾压。每层的压实厚度最小不应小于 8cm，最大不应大于 20cm；如果超过 20cm，应当分层铺筑。

材料规格要求：①石灰质量应符合标准。要尽量缩短石灰存放时间，最好在出厂后 3 个月内使用，否则就需采取封土等有效措施。石灰剂量的大小可根据结构层所在位置要求的强度、土质水稳性、冰冻稳定性、石灰质量、气候及水文条件等因素，并参照已有经验而确定。②一般露天水源和地下水源都可用于石灰土施工。如对水质有疑问，应事先进行试验，经鉴定后方可使用。③石灰土混合料的最佳含水量和最大密实度（即最大干容重），是随土质及石灰的剂量不同而不同的。最大密度随着石灰剂量的增加而减少，最佳含水量则随着石灰剂量增加而增加。

4. 煤渣石灰土

煤渣石灰土也称二渣土，是煤渣、石灰（或电石渣、石灰下脚料）、土三种材料按一定的配比，经加水拌和、整型压实后形成强度较高的一种基层结构。

煤渣石灰土具有石灰土的全部优点，同时还因其有粗粒料做骨架，使它的强度、稳定性、耐磨性、隔温防冻、隔泥排水性能等都好于石灰土。另外，由于它的早期强度高，还有利于雨季施工，适合于地下水位较高或靠近湖边的园路铺装场地。

煤渣石灰土对材料的要求不太严，允许范围也比较大。一般最小压实厚度不应小于10cm，但也不宜超过20cm，大于20cm时要分层铺筑。

5. 二灰土

二灰土是用石灰、粉煤灰、土按一定的配比混合，加水拌匀后碾压而成的一种基层结构。其强度比石灰土还高，且具有一定的板体性和较好的水稳性，在出产粉煤灰的地区很有推广价值。由于二灰土是由细料组成，对水敏感性强，初期强度低，在潮湿寒冷季节结硬较慢，因此冬季或雨季施工较困难。为了达到基层所要求的压实度，二灰土每层厚度最小不小于8cm，最大不超过20cm，大于20cm时要分层铺筑。

6. 钢筋混凝土

采用钢筋混凝土浇筑基层，其牢固度高，但成本也高，主要用于地基土质比较松软的路段。

具体的施工材料与方法：在夯实的地基上方铺设5~8cm厚度的砾石，在砾石上方铺设直径为6~12mm的钢筋网，然后浇筑10~15cm厚度的水泥砂石混凝土。

▲ 普通混凝土基层

▲ 钢筋混凝土基层

3.3 结合层材料

　　结合层是处于基层和面层之间的一层，当采用块料铺筑面层时，用于结合、找平与排水等。根据实际情况，结合层通常采用 M7.5 水泥石灰混合砂浆或 1：3 的石灰砂浆。砂浆摊铺宽度应大于铺装面 5~10cm，已拌好的砂浆应当日用完；也可用粒径 1~3mm 的粗砂均匀摊铺而成。若用特殊的石材（如整齐石块或条石）铺设面层，其结合层常采用 M10 水泥砂浆。

　　在园路面层铺设时，结合层应密实、牢固，如发现结合层不平，应搬开面层材料，将结合层重新找平，不可随意用碎砖、碎石填塞。

→ 面层

→ 结合层

→ 基层

▲ 粗砂结合层

▲ 园路立面结构（面层、结合层、基层）

▲ 干拌水泥砂结合层

▲ 粗砂与素水泥浆结合层

水泥砂浆结合层

▲ 水泥砂浆结合层

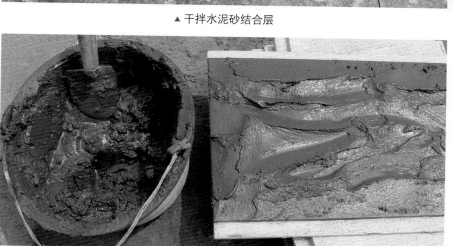

◄ 素水泥浆结合层
（涂抹在石材的背面）

3.4 面层材料

　　面层直接接触外部环境，承受压力、磨损以及外界多种因素的破坏，同时也是人们行走和视觉所及的部分，因此必须具备一定的强度、耐磨、平稳、美观、易清扫、不易打滑等特性。

　　园路面层的铺设方式和材料种类很多，主要有沥青混凝土铺地、水泥混凝土铺地、花岗岩板铺地、青石板铺地、碎大理石冰裂铺地、烧结砖铺地、砾石铺地、卵石铺地、小青砖铺地、花街铺地、木材铺地、陶瓷材料铺地以及丙烯树脂、环氧树脂等高分子材料铺地等。

　　沥青、水泥和高分子材料主要作为黏合料与骨材集料、颜料等一起使用，其物理性能受掺入的骨材及添加颜料的影响；石材、木材及陶瓷材料更多的是制成条块状使用。

　　下面列举整体路面、块料路面、步石（汀步）、木材路面、钢材路面、合成树脂路面等所用的材料与工艺要求。

1. 整体路面

　　（1）**沥青路面**：包括沥青混凝土路面、透水性沥青路面、彩色沥青路面，面层厚度3~5cm，主要用于广场、停车场、行车道、园路主路等。

▲沥青混凝土路面浇筑　　　▲大型压路机　　　▲手推式压路机　　　▲沥青混凝土整体路面

　　（2）**水泥路面**：包括水泥混凝土路面、仿石混凝土预制板路面、混凝土平板瓷砖路面，主要用于广场、停车场、行车道、园路主路或支路等。

　　水泥混凝土路面：通常采用C20混凝土，厚度12~16cm，每隔10m应横向切割一道伸缩缝，以避免路面发生不规则开裂。水泥混凝土路面装饰主要采用以下方式：

　　1）普通水泥抹灰：用普通灰色水泥配成1:2或1:2.5水泥砂浆，在混凝土面层浇筑后尚未硬化前进行抹面处理，抹面厚度为1~1.5cm。

　　2）彩色水洗石路面：是用彩色水泥石子浆罩面，再经过磨光处理后制成的装饰性路面。按照设计，在平整后已基本硬化的混凝土路面上弹线分格，用玻璃条、铝合金条（或铜条）做分格条，然后在路面上刷上一道素水泥浆，再用1:1.2~1:1.5彩色水泥细石子浆铺面，厚度为0.8~1.5cm。铺好后拍平，用滚筒压实，待出浆后用抹子抹面，最后采用磨光处理。若有残浆附在石子表面，可采用草酸清洗，随后立即用清水将草酸冲洗干净。

▲沥青混凝土整体路面（双车道）

▲彩色水洗石路面　　　▲水泥混凝土路面浇筑

▲彩色透水混凝土路面

▲彩色透水混凝土与片石结合路面

▲片石与水洗石结合路面

◄水洗石路面与砖块路面的结合

2. 块料路面

（1）片材贴面铺装：包括花岗岩石片铺地、碎石片铺地、广场砖铺地、塑胶地板砖铺地、马赛克铺地等。

▲马赛克铺地

▲双色马赛克铺地

▲不规则广场砖铺地

▲彩色广场砖铺地

▲杂色花岗岩碎拼

▲瓦片直立密接铺地

▲杂色花岗岩碎拼

▲片石仿古铺地（碎拼）

◀片石裂纹铺地

（2）板材贴面铺装：包括大理石板铺地、花岗岩板铺地、青石板铺地等。

▲花岗岩石块汀步

▲花岗岩板材铺地

◀▲普通石材铺地

▲锈石冰裂纹铺地

▲花岗岩冰裂纹铺地

▲彩色水泥砖铺地

（3）块材贴面铺装：包括烧结砖铺地、釉面砖铺地、陶瓷广场砖铺地、透水性花砖铺地、预制混凝土砖铺地、水泥彩砖铺地等。各种砖材的表面比较粗糙，有一定的吸水功能，不反光，不打滑，不易褪色，能抵御风雨，防火阻燃，实用性强。

▲ 彩色水泥砖铺地

▲ 有色水泥砖铺地

▲ 特型砖铺地

▲ 青砖人字纹铺地

▲ 青砖、卵石、花岗岩组合铺地

（4）砌块嵌草铺装：一是在块料铺装时，在块料之间留出空隙，在其间种草，如冰裂纹嵌草路面、人字纹嵌草路面、空心砖纹嵌草路面等；二是制作成可嵌草的各种式样的混凝土铺地空心砖（植草砖），在空洞内填土植草，是一种景观视觉效果和力学性能都较好的边缘性铺地产品。

▲ 天然石旱汀步嵌草铺地

▲ 混凝土预制块嵌草路面

▲ 卵石嵌草路面

▲ 花岗岩条石嵌草路面

▲ 水洗石路面、花岗岩修边嵌草铺地

▲彩色砖与菱形植草砖组合铺地（停车场）

（5）**花街铺地**：采用不同颜色、不同大小、不同长宽形状的砾石、卵石、小青瓦等拼花铺地，景观效果很好。

（6）**卵石铺装**：卵石的粒径差异很大，用于园路铺装的卵石通常采用5~15cm，可以用大小相近的卵石整齐铺装，也可以用不同大小的卵石混合铺装。

▲双色卵石梅影铺地

▶彩色卵石镶嵌花街铺地

▲花岗岩卵石镶嵌花街铺地

▲卵石青砖花街铺地

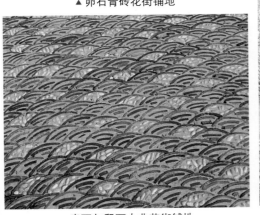

▲卵石青瓦石块古典花街铺地

▲青瓦与卵石古典花街铺地　　▲双色卵石拼花铺地　　▲卵石与石块古典花街铺地

▲ 双色卵石规整铺地

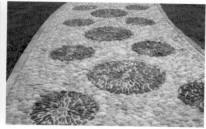

▲ 多色卵石拼花铺地

雨花石是一种特殊的卵石，其粒径通常为 3~6cm，卵圆形，颜色有黑、褐、灰、白等，可选用单色、混合色或拼花组图应用。雨花石结合层处理除了用普通的水泥之外，还可用加有着色剂的水泥，使雨花石的格调更加特殊。

（7）**砾石铺装**：砾石是自然的铺装材料，在现代园林景观中应用广泛，一般用于连接各个构景物，或者是连接规则的整形植物。由砾石铺成的小路不仅稳固、坚实，而且具有较强的透水性，即使下雨天或被水淋湿也不会打滑。现在有些地方应用染色砾石，像亮黄色、深紫色、鲜橙色、艳粉色等，这些鲜亮的颜色令人振奋，具有强烈的视觉冲击力。

▲ 雨花石铺地施工

▲ 青砾石铺地

▲ 块石钢筋石笼

▲ 浅红砾石铺地

3. 步石（汀步）

　　步石（汀步）的材质大致可分为自然石、加工石、人造石以及木材、竹材等，规格大小一般为 30~60cm，厚度在 6cm 以上。

　　自然石的选择应以呈平圆形或角形的花岗岩为佳。加工石依照加工程度的不同，有保留自然外观而略作修整的石块，有经机械切片而成的石板等。人工石是指水泥砖、混凝土制块或平板等，通常形状工整一致。木竹质的如粗树干横切成有轮纹的木桩、平铺的枕木类或竹竿等。无论采用何种材质，最基本的要求是：面要平坦、不滑，不易磨损或断裂，一组步石的石板在形色上要类似且调和，不可差距太大。

▲ 草坪汀步　　　　　　　　▲ 嵌草汀步

▲ 石板卵石组合汀步　　　　▲ 旱溪木板汀步　　　　　　▲ 花岗岩石板汀步

▲ 自然块石汀步

◀ 莲花盘汀步

4. 木材路面

　　（1）圆木桩：铺地用的木材以松、杉、桧为主，树干粗度 10~20cm，锯成长度 15cm 左右的木段，直立密接或空开铺设。基部用水泥混凝土固定，中上部缝隙内填塞粗砂、细碎石、小卵石等，视觉效果良好。

▶ 木桩与卵石组合铺地

▶ 木椿铺地施工现场

（2）**木铺装**：用于铺地的木材有正方形的木条、长方形的木板、圆形或半圆形的木桩等。若在潮湿近水的场所使用，应选择耐湿防腐的木料。

用于木质铺装路面的木材，除了无需防腐处理的红杉等木材外，其它木材需加压注入防腐剂。使用和处理防腐剂，应尽量选择对环境无污染的种类。

▲ 木椿铺地施工现场

▲ 木板园路（横向弧形铺设）

▲ 木板园路（纵向铺设）

▲ 木板园路（横向铺设）

▲ 木板园路（横向铺设）

▲ 木板园路与石材园路连接

5. 钢材路面

　　钢材路面整体性好，牢固度高，使用寿命长，且因本身坚固结实，对地基要求不高，施工方便。目前主要采用铝合金材料，常制成网格状，铺作园路。这种新型的路面，视觉效果好，且不积水、不打滑。

▲ 钢格栅园路

◄ 钢格栅休息平台

6. 合成树脂路面

　　目前应用于园路的合成树脂路面，主要有现浇环氧沥青塑料路面、弹性橡胶路面、人工草皮路面等。

▲▲ 彩色水泥压印路面

▲ 人工草皮运动场

▲ 人工草皮

▲ 弹性橡胶铺地方块

▲ 弹性橡胶路面警示标志

▲ 人工草皮路面　　　　　▲ 塑胶广场

3.5 附属工程材料

在园路工程中，还包括道牙、台阶、排水沟、雨水井等附属工程。

1. 道 牙

道牙基础宜与地基同时挖填碾压，以保证有整体的均匀密实度。道牙结合层用1:3的水泥砂浆2cm厚。安装道牙要平稳牢固，后用M10水泥砂浆勾缝。道牙背后要用C20细石混凝土填实，其宽度为50cm，厚度为15cm，密实度要求90%以上。

▲ 花岗岩道牙

常用道牙材料有：花岗岩条石、青石条石、普通石材条石、预制条状混凝土块、黏土砖、水泥砖、小青砖、小青瓦以及石桩、木桩、竹桩等。

▲ 砖块道牙

▲ 石柱道牙

▲ 青瓦道牙

▲ 仿木水泥桩道牙

2. 台 阶

台阶材料品种较多，有自然块石、加工条石、切割石板、烧结砖、水泥砖、钢铁、木材等。选用材料要从各方面考虑，既要与园路整体协调，又要坚固、耐磨、耐晒、耐湿、防腐、不打滑。

▲ 自然石块台阶

▲ 条石砾石组合台阶

▲ 花岗岩条石台阶

▲ 钢材台阶

3. 排水沟

有些园路采用明沟排水，排水沟通常布设于园路一侧或两边，可采用盘形剖面或平底剖面，并可采用多种材料，如现浇混凝土、预制混凝土、花岗岩、卵石及各种砖块。卵石的使用，使排水沟面有了质感的变化，且由于其粗糙的表面使水流的速度减缓，这一点的运用在某些环境中会显得十分重要。

▲ 双边卵石排水明沟

　▲ 砖砌排水明沟　　　　▲ 卵石排水明沟　　　　　　▲ 单边卵石排水明沟　　　　　　　▲ 加盖排水明沟

4. 雨水井

　　有些园路没有采用明沟排水，故而雨水井成为园路排水的重要设施。雨水井常排布于园路的中央或两侧，间隔距离视园路实际情况而定，一般为10~20m。雨水井的形状，布设于园路中间的常为圆形，布设于园路两侧的主要为正方形和长方形。雨水井基础采用混凝土浇筑或砖砌，雨水井盖常用铸铁、塑钢、铝合金、预制钢筋混凝土、花岗岩板材等，在各种材料井盖的中央或四周设有排水孔。

　　　▲ 雨水井盖　　　　　　　　　▲ 园路边雨水口　　　　　　　▲ 单边排水沟与雨水口

04 假山工程材料

JIASHAN GONGCHENG CAILIAO

　　假山是以各种天然石材、土、砂、水泥、钢筋等为材料，以自然山水为蓝本，经过人为艺术提炼与设计，由人工建造而成的山水景物。在园林景观中，假山具有多方面的造景功能，如构成景观的主景或地形骨架，划分和组织空间，构筑驳岸、护坡、挡土墙、自然式花台，还可以与景观建筑、广场、道路、植物等组合成富于变化的景致，借以减少人工痕迹，增添自然情趣，使景观建筑融于山水环境之中。

4.1　假山类型与材料

　　大自然山水是假山创作的艺术源泉和依据。真山虽好，却难得经常游览，而假山布置于公园、宅院，作为艺术作品，比真山更为概括与精炼，并可赋予人的思想感情，使之有"片山有致，寸石生情"之魅力。对于人为的假山，应力求不露人工痕迹，令人真假难辨，贵在似真非真，虽假犹真，耐人寻味。

4.1.1　假山类型

　　假山的组合形态分为山体和水体。山体包括峰、峦、顶、岭、谷、壑、岗、壁、岩、岫、洞、坞、麓、台、磴道和栈道；水体包括泉、瀑、潭、溪、涧、池、矶和汀石等。各种假山的设计，只有山水结合适宜，才能相得益彰。

　　假山的分类：

　　（1）按构建材料可分为土山、石山和土石相间的山（土多者称为土山戴石，石多者称为石山戴土）；

　　（2）按施工方式可分为筑山（版筑土山）、掇山（用石掇合成山）、凿山（开凿自然岩石成山）和塑山；

　　（3）按在景园中的位置和用途可分为园山、楼阁山、池山、厅山、书房山、室内山、壁山和兽山等。

4.1.2　假山天然石材

　　构筑假山的天然石材有以下几类。

1.　湖　石

　　湖石因其主产于湖泊而得名，尤以产于太湖周边的太湖石在园林中运用最为普遍，同样也是历史上开发较早的一类山石。

　　在不同地区和不同环境中生成的湖石，其形状、颜色和质地都有一些差别。有一类湖石产于湖崖边，是由长期沉积的粉砂和水的溶蚀作用形成的石灰岩，其颜色浅灰泛白，色调丰润柔和，质地轻脆易损。该类石材经湖水的溶蚀后形成大小不同的洞、窝、环、沟，具有圆润柔曲、玲珑剔透、嵌空婉转的外形，叩之有声。另一类湖石产于石灰岩地区的山坡、土中或是河流岸边，是石灰岩经地表水风化溶蚀产生的，其颜色多为青灰色或黑灰色，质地坚硬，形状各异。目前各地建造假山所用的湖石，大多属于后一种。

▲ 太湖石石料场

　　下面具体介绍几种常用的湖石品种：

　　（1）太湖石（南太湖石）：原产于苏州太湖的西洞庭山，江南其它湖泊区也有出产。通常把各地产的由岩溶作用形成的玲珑剔透、千姿百态的碳酸盐岩石统称为广义的太湖石。

　　产于水中的太湖石，色泽浅灰中露白色，表面比较光洁、丰润，质坚且脆，纹理纵横，脉络显隐。产于土中的太湖石，灰色中带有青色，表面比较枯涩而少有光泽，遍多细纹。

　　太湖石是典型的制作假山的石材，其纹理纵横，脉络起隐，石面上边多拗坎，扣之有微声，还很自然地形成沟、缝、穴、洞，

▲ 太湖石假山

▲ 太湖石溪边配景

"瘦、皱、漏、透"是其主要的形态特征，多玲珑剔透、重峦叠嶂，犹如天然的雕塑品，观赏价值很高。

（2）**房山石（北太湖石）**：原产于北京房山县大灰厂一带山上，属于石灰岩类，但为红色山土所渍满。新开采的房山石呈土红色、橘红色或是更淡一些的土黄色，日久之后表面常带些灰黑色。房山石质地坚硬，质量大，有一定的韧性，外观比较沉实、浑厚、雄壮，不像太湖石那样脆。房山石也具有太湖石的一些外形特征，因此也有人称其为北太湖石。与房山石比较接近的还有江苏镇江产的砚山石，形态变化较多，色泽淡黄清润，扣之微有声。

▲ 房山石　　　　　　　　　　　　　　▲ 房山石砌筑的假山

（3）**英石（英德石）**：原产于广东英德县一带，常见于岭南园林，也用于几案石品。英石是由石灰岩碎块被雨水淋溶或埋在土中被地下水溶蚀所形成的，质地坚硬而脆性较大，用手指弹扣有较响的共鸣声；色泽多为灰黑色，但也有灰色或灰黑色中含白色晶纹脉络等其它颜色。由于色泽的差异，英石又分为白英、黑英和灰英。白英和黑英因物稀而价贵，灰英则量多而价低。

英石或雄奇险峻，或玲珑宛转，或嶙峋陡峭，或驳接层叠，多为中、小形体，很少见有大块的。大块可作园林假山的构材，或单块竖立，或平卧成景；小块而峭峻者常被用于制作山水盆景。

▲ 英德石　　　　　　　　　　　　　　▲ 英德石砌筑的假山

（4）**宣石（宣城石）**：原产于安徽省南部宣城、宁国一带山区，在地质学上称为石英石，内含大量白色显晶质石英，质地细致坚硬，皱纹细腻且多变化，色泽以白为主，杂以锈黄、灰黑等色。宣石初出土时表面有铁锈色，经刷洗过后，日久就会转为白色；或在灰色山石上有白色的矿物成分，犹如积雪覆盖于石上（故又名雪石），具有特殊的观赏价值。宣石作为一种历史悠久的奇石名珍，按其形式可分为七种：白宣、墨宣、水墨宣、米粒宣、马牙宣、灯草宣、彩宣。

▲ 宣石应用实例　　　　　　▲ 宣石

（5）**灵璧石**：原产于安徽省灵璧县，此石产于土中，被赤泥渍满，须刮洗才显本色。其石色泽灰色，甚为清润，质地亦脆，用手弹亦有共鸣声；石面有坳坎的变化，石形亦千变万化，但很少有宛转回折之势。灵璧石可用于山石小品，更多的情况下作为盆景石观赏。

▲ 灵璧石应用实例　　　　　　　　　▲灵璧石

2. 黄 石

　　黄石是一种带橙黄颜色的细砂岩，因其色泽以黄色为主而得名。苏州、常州、镇江等地皆有出产，以常熟虞山的自然景观石最为著名。此石形体顽劣，质重、坚硬、沉实，且具有雄浑挺括之美。采下的单块黄石多呈方形或长方墩状，少数为扁长或薄片状者。因黄石节理接近于相互垂直，所形成的峰面棱角锋芒毕露，棱之两面具有明暗对比，立体感较强，无论掇山、理水都能发挥出其石形的特色。

▲ 黄石砌筑的假山　　　　　　　　　▲ 黄石石料场

▲ 黄石砌筑的驳岸

3. 青石（青云石）

青石属于水成岩中呈青灰色的细砂岩，原产于北京西郊洪山一带。此石质地纯净少杂质，由于是沉积而成的岩石，石内有一些水平层理。水平层的间隔通常不大，所以石形大多为片状，故有"青云片"之称。其石形也有块状的，但成厚墩状者较少。青石的节理面没有黄石那样规整，石面有相互交织的斜纹，但不像黄石那样是相互垂直的直纹。

▲ 青云石砌筑的壁画式假山　　　　▲ 青云石砌筑的假山

4. 黄蜡石

黄蜡石属于变质岩的一种，主产地在我国南方各地，主要由酸性火山岩和凝灰岩经热液蚀变而成，在某些铝质变质岩中也有产出。黄蜡石有灰白、浅黄、深黄等色，有蜡状光泽，圆润光滑，质感似蜡。石形圆浑如大卵石状，但并不为卵形、圆形或长圆形，而多为抹圆角有涡状凹陷的

▲▶ 黄蜡石

各种异形块状，也有呈长条状的。黄蜡石以石形变化大而无破损、无灰砂、表面滑若凝脂、石质晶莹润泽者为上品，即石形要"皱、透、溜、哞"。黄蜡石宜条、块配合使用，若与植物一起组成庭园小景，则更有富于变化的景观组合效果。

▲ 黄蜡石庭院配景

5. 卵石

▲ 卵石挡土墙与驳岸

鹅卵石产于海边、江边或旧河床之中，经千百万年流水的冲击和相互摩擦，磨去了棱角而成为卵圆形。鹅卵石的石质有砂岩、花岗岩、流纹岩等，主要化学成分是二氧化硅，其次是少量的氧化铁和微量的锰、铜、铝、镁等元素及化合物。由于石中色素离子溶入二氧化硅热液中的种类和含量不同，因而呈现变化万千的色彩，使鹅卵石呈现出黑、白、黄、红、墨绿、青灰等色系。鹅卵石多用于园林的配景小品，常配置于路边、水池、草坪旁，单独放置或多块组合配置皆甚相宜。

▲ 鹅卵石石料场

▲ 鹅卵石磨石涌泉组景

▲ 鹅卵石臼竹筒
流水组景

▲ 鹅卵石铺设旱溪景观

6. 石 笋

　　石笋是外形修长如竹笋的一类山石的总称。此类山石产地颇广，皆卧于山土中，采出后直立于地上即为石笋，顺其纹理可以竖向劈分。石笋颜色多为淡灰绿色、土红灰色或灰黑色，质重且脆，是一种长形的砾岩石材。石柱中常含有白色的小砾石，若石面上的小砾石未风化的，称为龙岩；若石面小砾石已风化成一些小穴窝，则称为风岩；石面上还有一些不规则的裂纹。

▲ 石笋料场

　　常见的石笋又可分为以下几种：

　　（1）白果笋：在青灰色的细砂岩中沉积了一些卵石，犹如银杏的种子（白果）嵌在石中，因而得名。北方称白果笋为"母子石"或"母子剑"。"母"是细砂母岩，"子"即卵石，"剑"喻其形。

▲ 石笋砌筑假山

▲ 石笋砌筑假山

▲ 石笋料场

　　（2）乌炭笋：是一种乌黑色的石笋，比煤炭的颜色稍浅且无甚光泽。

▶ 石笋庭院配景

　　（3）钟乳石笋：是将石灰岩经溶融形成的钟乳石倒置，或将其正放用以点缀景色。

　　（4）慧剑：是一种净面青灰色的石笋。

　　石笋在园林中常作独立小景布置，常选用三支、五支、七支或更多不同长度的石笋，前后、高低错落组合成景。若在石笋间配植一些观花或观果的小灌木，景观效果更佳。

▶ 石笋假山

7. 其它石材

（1）斧劈石

　　斧劈石是因其石纹与中国山水画中的"斧劈皴"相似而得名。由于石料多呈修长的形状，故江浙一带又称之为"剑石"。斧劈石是山水盆景的主要石料之一，产于我国许多地区，目前所用的多出产于江苏武进、丹阳一带。

▲▶ 斧劈石石料场

斧劈石为页岩的一种，是经过长期沉积而形成的，主要含有石灰质及炭质。由于沉积年代、风化程度以及所含成分的不同，产生的颜色和质地也有区别，主要形态有板状、片状及条状等。一般颜色以深灰和黑色为多，也有土黄、浅灰、粉红及白色，有一种黑色斧劈石内部有白色夹质和金属颗粒。

斧劈石质地坚硬，吸水性能差，难于生长青苔。在山水盆景中，适于制作险峰峭壁，雄秀兼备，若经喷水则如雨后山峰，雄姿焕发，别有韵味。若选用白色斧劈石加工成雪景、挂瀑或白云等奇景，则另有一番意境。

▲ 斧劈石制作假山

▲ 斧劈石盆景

（2）沙积石

沙积石又名上水石、活石、灵山石，分为水积石和石灰石两种，色泽呈黄、褐、白等色，外形美观多姿，大部分呈管状、中空或条纹式，质地上乘，独具特色。沙积石暄而脆，吸水性特强，石上可填土栽植野草、藓苔。其青翠苍润，是制作假山盆景的上好石材。沙积石天然洞穴很多，也可随意凿槽、钻洞、雕刻出各式各样的形状。其能自然吸水、散发湿气，故用它造假山或盆景，都有湿润环境的作用。每天清晨给沙积石盆景浇水是件快乐的事情，会听到沙积石咕咚咕咚地喝水。沙积石是一种有生命的石头、神奇的石头。

▲ 沙积石料场

▲ 沙积石

▲ 沙积石砌筑假山

▲ 沙积石制作盆景

（3）钟乳石

钟乳石是石灰岩被水溶解后又在山洞、崖下沉淀形成的一种石灰石。色泽多为乳白色、乳黄色或土黄色，质重且坚硬，石形变化大，石内孔洞较少，石的断面可见同心层状构造。钟乳石的形状多样，石面肌理丰腴，质优者洁白如玉，可做石景珍品；质色稍差者可做假山，用水泥砂浆砌筑假山时附着力强，山石结合牢固，山形可以根据设计需要随意变化。

▲ 钟乳石笋公园水池组景

▲ 溶洞内钟乳石笋实景

（4）木化石

木化石在地质学上称硅化木，是古代树木的化石。亿万年前，巨大型树木被火山灰包埋，由于隔绝空气，未及燃烧而整株、整段地保留下来。后经含有硅质、钙质的地下水淋滤、渗透，矿物取代了植物体内的有机物，木头变成了石头。

▲ 溶洞内钟乳石实景

▲ 木化石公园配景　　　　　▲ 木化石公园配景　　　　　▲ 木化石盆景

4.1.3　假山构筑材料

1. 基础材料

（1）木桩基础材料

在古典园林中，木桩多用于假山或驳岸，是一种传统的基础做法。做桩材的木质必须坚实挺直，其弯曲度不得超过 10%，且只能有一个弯。常用桩材有松、杉、柏、橡、桑、榆等，选取其中较平直而又耐水湿的作为桩基材料，以柏木、松木为佳。木桩顶面的直径约为 10~15cm，桩长多为 1~2m，桩的排列方式有梅花桩（5 个 /m²）、丁字桩和马牙桩等。

▲ 驳岸基础（柏木桩）

（2）灰土基础材料

北方园林中位于陆地上的假山常采用灰土基础，具体施工方法为：将钢钎打入地下一定深度后，将其拔出，再将生石灰或生石灰与砂的混合料填入桩孔，捣实而成。灰土基础具有较好的凝固力，当生石灰水解熟化时，体积膨大，使土中空隙和含水量减少，起到提高土壤承载力、加固地基的作用。这种基础的主要材料是用石灰和素土按 3∶7 的比例混合而成的。

（3）浆砌块石基础材料

浆砌块石基础是采用水泥砂浆或石灰砂浆砌筑块石作为假山基础。可用 1：2.5 或 1：3 水泥砂浆砌一层块石，厚度为 30~50cm；水下砌筑所用水泥砂浆的比例应为 1：2。

（4）混凝土基础材料

现代假山多采用浆砌块石或混凝土基础，当山体高大，土质不好或在水中、岸边堆叠山石时使用。陆地上常用的混凝土标号为 C15，配合比为水泥：砂：卵石 = 1：2：4~1：2：6。水中假山应采用 C15 水泥砂浆砌块石或 C20 的素混凝土做基础。

2. 胶结材料

山石之间的胶结是保证假山牢固和能够维持假山一定造型状态的重要工序。胶结材料是指将山石黏结起来掇石成山的一些常用的黏结性材料，如水泥、石灰、砂和颜料等，市场供应较普遍。黏结时拌和成砂浆，受潮部分使用水泥砂浆，水泥和砂的配合比为 1：1.5~1：2.5；不受潮部分使用混合砂浆，水泥：石灰：砂 = 1：3：6。水泥砂浆干燥较快，不怕水；混合砂浆干燥较慢，怕水。水泥砂浆的和易性和粘结力比混合砂浆差，但是强度比混合砂浆高。

3. 铁活加固材料

（1）银锭扣

银锭扣为熟铁铸成，两端成燕尾状，也叫燕尾扣。有大、中、小三种规格，主要用以加固山石间的水平联系。

（2）铁爬钉

铁爬钉或称铁镪子，用熟铁制成，形状像扁铁条做的两端成直角翘起的铁扁担，一般长 30~50cm，用以加固山石水平向及竖向的衔接，也可用粗钢筋打制成两端翘起为尖头的形状。北京圆明园西北角的"紫碧山房"假山塌倒后，山石上可见长约 10cm、宽 6cm、厚 5cm 的石槽，槽中都有铁锈痕迹，也似同一类做法。

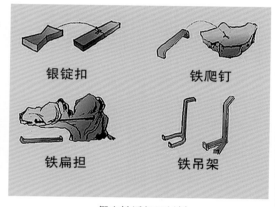

▲ 假山铁活加固材料

（3）铁扁担

铁扁担多用于假山的悬挑部分和作为山洞石梁下面的垫梁，其可以用 200cm 以上的扁铁条、4cm×4cm 以上的角钢或直径 3cm 的螺纹钢条。采用扁铁条时，铁条两端成直角上翘，翘头略高于所支撑的石梁两端。北海静心斋沁泉廊东北，有巨石象征"蛇"出挑悬岩，选用了长约 2m、宽 16cm、厚 6cm 的铁扁担镶嵌于山石底部。

（4）铁吊架

铁吊架是用扁铁条打制的铁件设施，主要用于吊挂坚硬的山石。在假山的陡壁边或悬崖边需要砌筑向外悬出的山石，而山石材料又特别坚硬，不能通过凿洞来安装连接构件，这时就用铁吊架来承担结构连接。铁吊架可以制成马蹄形吊架或分叉型吊架，通常被压在吊挂的山石背后或底下看不见的地方，所以不会影响美观。

（5）模坯骨架

岭南园林多以英石为主，由于英石很少有大块料，因此假山常以铁条或钢筋为骨架，称为模坯骨架，然后再用英石的石皮贴面。贴石皮时依皱纹、色泽而逐一拼接，石块贴上，待胶结料凝固后才能继续掇合。

4. 填充材料

填充式结构假山的山体内部的填充材料主要有泥土、无用的碎砖、灰块、石块、建筑渣土、混凝土、废砖石等。混凝土可采用水泥、砂、石按 1：2：4~1：2：6 的比例拌制而成。

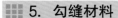
5. 勾缝材料

　　假山制作的最后一道工序为勾缝修饰成型，即用接近石色的水泥浆进行勾缝处理。按照石色要求刷涂或喷涂非水溶性颜色面，也可在砂浆中添加颜料及石粉调配出所需的石色。例如要仿造灰黑色岩石，可在普通灰色水泥砂浆中加炭黑；要仿造紫色砂岩，可用氧化铁红将水泥砂浆调制成紫砂色；要仿造黄色砂岩，可在水泥砂浆中加入柠檬铬黄；要仿造青石，可在水泥砂浆中加进氧化铬绿和钴蓝。

　　石色水泥砂浆的配置方法：

　　①采用彩色水泥配制。此法简便易行，但色调过于呆板和生硬，且颜色种类有限，如黄石假山就以黄色水泥为主，配以其它色调。

　　②在白色水泥中掺加色料。此法可配成各种石色，且色调较为自然逼真，但技术要求较高，操作比较繁琐一些。

◀假山调色水泥砂浆勾缝施工现场

4.2 塑山方式与材料

　　在不产石材的地区，近代采用水泥、灰泥、混凝土、玻璃钢、有机树脂、GRC（低碱度玻璃纤维水泥）等材料制作塑山。塑山的优点是造型随意多变，体量可大可小，重量轻，成本低，但色质等不及天然石材那么丰富、自然、坚固，保存年限较短。

　　塑山是用雕塑艺术的手法，以天然山石为蓝本，人工塑造假山或石块。塑山、塑石有多种做法，下面主要介绍钢筋混凝土塑山、砖石混凝土塑山、FRP 塑山、GRC 塑山、CFRC 塑山。

1. 钢筋混凝土塑山

（1）基础

　　根据基地土壤的承载能力和山体的重量，经过计算确定其尺寸大小。通常的做法是根据山体底面的轮廓线，每隔 4m 做一根钢筋混凝土桩基；若山体形状变化大，局部柱子需加密，并在柱间做墙。

（2）立钢骨架

　　立钢骨架包括浇注钢筋混凝土柱子、焊接钢骨架、捆扎造型钢筋、盖钢板网等。其中造型钢筋架和盖钢板网是塑山效果的关键之一，目的是为造型和挂泥之用。钢筋要根据山形做出自然凹凸的变化，盖钢板网时一定要与造型钢筋贴紧扎牢，不能有浮动现象。

（3）面层批塑

　　先打底，即在钢筋网上抹灰两遍，材料配比为水泥＋砂＋麻丝，其中水泥：砂为 1:2，黄泥为总重量的 10%，麻丝适量。水灰比 1:0.4，以后各层不加黄泥和麻丝。砂浆拌和必须均匀，随用随拌，存放时间不宜超过 1 小时，初凝后的砂浆不能继续使用。

▶ 塑山钢骨架

▲ 钢骨架混凝土塑山

▲ 钢骨架混凝土塑山教学模型

2. 砖石混凝土塑山

以砖作为塑山的骨架，适用于小型塑山，根据山石形状用砖石材料砌筑。为了节省材料可在砌体内砌出内空的石室，然后用钢筋混凝土板盖顶，留出门洞和通气口。当砌体坯型完全砌筑好后，用 1∶2 或 1∶2.5 的水泥砂浆，按照自然山石石面进行抹面。这种结构形式的塑石内有实心的，也有空心的。

首先在拟塑山石土体外缘清除杂草和松散的土体，按设计要求修饰土体，沿土体外开沟做基础，其宽度和深度视基地土质和塑山高度而定，接着沿土体向上砌砖，要求与挡土墙相同。砌砖时应根据山体造型的需要而变化，如表现山岩的断层、节理和岩石表面的凹凸变化等，再在表面抹水泥砂浆，进行面层修饰，最后着色。

◀▼ 砖砌混凝土塑石

3. FRP 塑山

FRP 为玻璃纤维强化塑胶的缩写，它是由不饱和聚酯树脂与破璃纤维结合而成的一种重量轻、质地韧的复合材料。不饱和聚酯树脂由不饱和二元羧酸与一定量的饱和二元羧酸、多元醇缩聚而成。在缩聚反应结束后，趁热加入一定量的乙烯基单位配成黏稠的液体树脂，俗称玻璃钢。

▶ FRP 塑山

4. GRC 塑山

GRC 是玻璃纤维强化水泥的缩写，它是将抗碱玻璃纤维加入到低碱水泥砂浆中硬化后产生的高强度的复合物。随着时代科技的发展，20 世纪 80 年代在国际上出现了用 GRC 造假山，它使用机械化生产制造假山石元件，使其具有重量轻、强度高、抗老化、耐水湿、易于工厂生产、施工方法简便、快捷、成本低等特点，是目前理想的人工山石材料。用新工艺制造的山石质感和皱纹都很逼真，它为假山艺术创作提供了更广阔的空间和可靠的物质保证，为假山技艺开创了一条新路，使其达到"虽由人作，宛自天开"的艺术境界。

▲ GRC 塑山

5. CFRC 塑山

CFRC 是碳纤维增强混凝土的缩写，在所有元素中，碳元素在构成不同结构的能力方面似乎是独一无二的，这使碳纤维具有极高的强度、高阻燃、耐高温、非常高的拉伸模量，与金属接触电阻低和良好的电磁屏蔽效应，所以能制成智能材料，在航空、航天、电子、机械、化学、医学器材、体育娱乐用品等工业领域中广泛应用。

CFRC 人工岩是把碳纤维搅拌在水泥中，制成碳纤维增强混凝土，并用于造景工程。CFRC 人工岩与 GRC 人工岩相比较，其抗盐浸蚀、抗水性、抗光照能力等方面均明显优于 GRC，并具抗高温、抗冻融、耐干湿变化等优点。因其长期强度保持力高，是耐久性优异的水泥基材料，适合于河流、港湾等各种自然环境的护岸、护坡。由于其具有电磁屏蔽功能和可塑性，所以可用于隐蔽工程等，更适用于园林假山造景、彩色路石、浮雕、广告牌等各种景观的再创造。

▲ CFRC 塑山

4.3 置石方式与材料

　　置石是以石材或仿石材布置成自然露岩景观的造景手法。置石还可结合它的挡土、护坡、种植床或器设等实用功能，用以点缀风景园林空间。置石能够用简单的形式，体现较深的意境，达到"寸石生情"之艺术效果。

1. 特 置

　　特置又称孤置，江南又称"立峰"，多以整块体量巨大、造型奇特、质地坚硬、色彩特殊的石材做成，常用作景园入口的障景和对景、漏窗或地穴的对景。这种石也可置于阁内、天井、亭旁、水边，作为局部空间的构景中心。

▲ 太湖石特置

▲ 野山石特置

▲ 柱形太湖石特置

2. 对 置

在建筑物前两旁对称地布置两块山石，以陪衬环境，丰富景色。

▲ 园路两侧黄石对置

▲ 野山石对置于旱溪边

▲ 公园内太湖石成对配置

3. 散 置

散置又称散点，即"攒三聚五"的做法。常用于布置内庭或散点于山坡上作为护坡。

▲ 游园内太湖石散置

▲ 黄石散置于园路边作坐凳

▲ 公园边野山石散置

4. 山石器设

为了增添园林的自然风光，常以石材作为石屏风、石栏、石桌、石凳、石床等，使园林景观石材更具艺术魅力与实用价值。

▲ 公园内太湖石散置作石桌石凳

▲ 黄石散置于小广场边作坐凳

▲ 公园内野山石散置作石桌石凳

5. 山石花台

布置石台是为了相对降低地下水位，安排合宜的观赏高度，布置庭园空间，使花木、山石显出相得益彰的诗情画意。花台要有合理的布局，适当吸取篆刻艺术中"疏可走马，密不容针"的手法，采取占边、把角、让心、交错等布局手法，使

▶ 太湖石叠放构筑花台

之有收放、明晦、远近和起伏等对比变化。对于花台个体，则要求平面上曲折有致，兼有大弯小弯，而且曲率和间隔都有变化。

▲ 野山石散置构筑花台　　　　　　　　　　　　▲ 黄石叠放构筑花台

6. 同景观建筑相结合的置石

　　如抱角、镶隅是为了减少墙角线条平板呆滞的感觉，从而增加自然生动的气氛。置石于外墙角称抱角，置石于内墙角称镶隅。

▲ 抱角（太湖石）　　　　　　　　　　　　　▲ 镶隅（太湖石）

05 水景工程材料

SHUIJING GONGCHENG CAILIAO

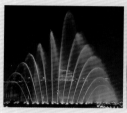

　　水乃万物之源，水是园林的灵魂，是景观中最令人活泼心动的元素之一。水具有高度变化与弹性，静止的水、流动的水、喷涌的水、跌宕的水，以及随之而来的水的欢歌与乐趣，这一切都成为园林景观中最有魅力的主题。按照水面面积大小可以分为大型水景（如湖泊、池塘、湿地、溪涧等）、中型水景（如瀑布、跌水、喷泉、泳池等）和小型水景（如小型假山流水、小型水池涌泉、竹筒流水等）；按照水的流动性大小可分为静态水景（如湖、塘、池等）和动态水景（如溪流、瀑布、喷泉、涌泉、跌水等）。本章主要介绍在园林景观中应用较多的喷泉、瀑布、跌水、泳池的结构与材料，以及与之相关联的驳岸、护坡所用的各种材料。

5.1　喷泉工程材料

　　喷泉原是一种自然景观，是承压水的地面露头。园林中的喷泉，是由人工建造的具有装饰性的喷水装置。大多数喷泉设于静态的水中（如湖、池、潭等），可以更显其动态魅力，给人以美的享受。同时喷泉还能增加空气中的负离子含量，起到净化空气、增加空气湿度、降低环境温度等作用，有益于改善城市面貌和增进居民身心健康，因此深受人们的喜爱。

　　目前人工喷泉造景应用广泛，发展速度很快，花色种类繁多。随着光、电、声及自动控制装置在喷泉上的应用，音乐喷泉、程控喷泉、激光喷泉等形式的出现，更加丰富了喷泉的内容，更加丰富了人们在视觉和听觉上得到双重感受。

　　人工喷泉景观工程由水源、喷水池、管路系统、控制系统和喷头等组成。

5.1.1　喷水池构造与材料

　　喷水池按构筑材料分为刚性结构水池、柔性结构水池和刚柔性结合水池。刚性结构水池主要采用钢筋混凝土浇筑或砖石材料砌筑；柔性结构水池主要采用柔性不渗水材料做水池的夹层；刚柔性结合水池则是采用两层钢筋混凝土或砖石材料，中间夹入柔性不渗水材料，此类水池最为结实、牢固，保水性好。

　　喷水池的结构和人工水景池一样，也是由基础、防水层、池底、池壁和压顶等部分组成。

　　喷水池的大小要求大于射流的高度（射流与地面成45°角时的高度），以防水溅到池外游人。一般的喷头安装和水下照明布置，要求水深50~60cm；如果采用进口设备，可以浅一些，但小于40cm时，水下灯就不易安装；若是浅水池，最浅也要≥10cm水深。

　　（1）基础

　　基础是水池的承重部分，由灰土和混凝土层组成。施工时先将基础底部素土夯实（密实系数应大于93%），然后铺设厚度30cm左右的灰土层(3份石灰7份中性黏土) 或 C15 混凝土垫层（厚度 10~15cm）。

　　（2）池底

　　池底直接承受水的竖向压力，要求坚固耐久。常用钢筋混凝土浇筑池底，一般厚度大于20cm；若水池容积大，则要配双层钢筋网。施工时每隔20m选择最小断面处设变形缝，并用止水带或沥青麻丝填充，也可用土工膜作为池底防渗材料，以防池底开裂渗漏。

▲ 双层双向钢筋网基础

▲ 水池底铺设钢筋网

▲ 钢筋混凝土池底

（3）防水层

防水材料种类很多，按材料品种分为沥青类、塑料类、橡胶类、金属类、砂浆、混凝土及有机复合材料等；按施工方法分为防水卷材、防水涂料、防水嵌缝油膏、防水薄膜等。

1）沥青材料：主要有建筑石油沥青和专用石油沥青两种。建筑石油沥青与油毡结合形成防水层；专用石油沥青可在喷泉的电缆防潮防腐中使用。

2）防水卷材：常用的有油毡、玻璃纤维毡片、三元乙丙再生胶卷材、603防水卷材、防水土工布等。

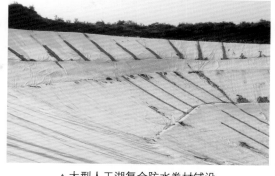

▲ 大型人工湖复合防水卷材铺设

3）防水涂料：常用的有沥青防水涂料、合成树脂防水涂料等。

4）防水嵌缝油膏：用于水池变形缝防水填缝。按施工方法不同分为冷用嵌缝油膏和热用灌缝胶泥两类。

5）防水剂：常用的有硅酸纳防水剂、氯化物金属盐防水剂、金属皂类防水剂等。

6）注浆材料：主要有水泥砂浆、水泥玻璃浆、化学浆液等。

7）钢筋混凝土水池还可以采用抹五层防水砂浆（水泥中加入防水粉）做法。临时性水池则可以将吹塑纸、塑料布、聚苯板组合使用，均会起到很好的防水效果。

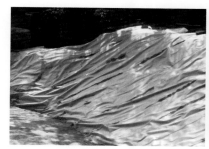

▲ 小型水池防水卷材铺设

▲ 在两层混凝土之间夹铺防水卷材

▲ 在防水卷材上再铺混凝土

（4）池壁

池壁承受水的横向压力，一般有砖砌池壁、块石池壁、钢筋混凝土池壁、花岗岩池壁等，池壁厚度应视水池大小而定。

1）砖砌池壁：一般采用标准实心砖、M7.5水泥砂浆砌筑，壁厚不小于24cm。砖砌池壁施工方便，但易渗漏，不耐风化，使用寿命短。

2）块石池壁：自然、朴素、结实，要求垒砌严密，勾缝紧密。

▲ 花岗岩板贴面池壁

▲ 自然石砌筑池壁

▲ 毛石贴面池壁

3）混凝土池壁：用于壁厚超过 40cm 的水池，采用 C20 混凝土现场浇注。钢筋混凝土池壁厚度小于 30cm 的，需配 8~12mm 的钢筋，钢筋的间距一般为 20cm。

4）花岗岩池壁：采用各种花岗岩板材贴面，既美观大方，又结实牢固，使用寿命长。

（5）压顶

压顶是池壁的最上部分，起到保护池壁的作用。压顶至少要高于水面 5~10cm，可做平顶、拱顶、挑伸、倾斜等样式，材料常选用混凝土、块石、花岗岩板材、防腐木等。

▲ 花岗岩块石压顶

▲ 花岗岩石条压顶　　　　▲ 防腐木板压顶　　　　▲ 花岗岩板材压顶

5.1.2　管网布置与材料

喷水池中管网主要由供水管、补给水管、溢水管及泄水管等组成。

（1）管道铺设位置

在小型喷泉中，管道可直接埋在池底的土中；大型喷泉将主要管道铺设在能通行人的渠道中，在喷泉底座下设置检查井；非主要管道可直接铺设在结构物中或置于水池内。

（2）供水管

为保证喷水获得等高的射流，对于环形配水的管网应采用十字供水。

（3）补给水管

为弥补水量损失，在水池中应设置补给水管。补给水管与城市给水管连接，并在管上设浮球阀，以保持池内水位的稳定。

▲ 喷泉管网、喷头与水下灯布置实景　　　　▲ 大型喷泉管网与喷头实景

▲ 供水管

▲ 补给水管

▲ 溢水管

（4）溢水管

为防止水位上涨造成溢流，在池内应设置溢水管，直通雨水井。溢水管的大小应为喷泉总进水口面积的一倍，并应有不小于 0.3% 的坡度，溢水口外应设置拦污栅栏。

（5）泄水管

为便于清洗和在不使用季节把池水排空，水池底部应设置泄水管，直通城市雨水井。

（6）管道坡度

为防止冻害，在冬季应将管内的水全部排出，因此所有的管道均应有不小于 0.2% 的坡度。

▲ 泄水管阀

（7）水管连接

连接喷头的水管不能急剧变化，应使管径逐渐由大变小，并在喷头前有一段长度不小于喷头直径 20 倍的直管，以保证射流的稳定。

（8）调节设备

对于每一个或每一组具有相同高度的射流，应有自己的调节设备，用阀门来调节流量和水头。

5.1.3　供水管材及控制附件

（1）供水管材

对于室外喷水景观工程，常用的管材有镀锌钢管、不锈钢管及 PPR 管与 PE 管等，一般埋地管道管径在 70mm 以上时用铸铁管；而对于室内工程和小型移动式水景，可以采用塑料管（硬聚氯乙烯管）。

在采用非镀锌钢管时，应作防腐处理，最简单的方法是刷油法。刷油法是先将管道表面除锈，刷防锈漆两遍（如红丹漆等），再刷银粉。若管道需要装饰或标志，可刷调和漆打底，再加涂所需色彩的油漆。埋在地下的铸铁管，外管一律要刷沥青防腐，明露部分可刷红丹漆和银粉。

▲ 镀锌钢管

▲ 铸铁管

（2）控制附件

控制附件用于调节水量、水压、关断水流或改变水流方向。在喷泉景观工程管路中常用的控制附件有闸阀、截止阀、逆止阀、电磁阀、电动阀、气动阀等。

1）闸阀用于隔断水流，控制水流道路的开启与关闭。

2）截止阀起调节和隔断管中水流的作用。

3）逆止阀又称单向阀，用来限制水流方向，防止水的倒流。

4）电磁阀是由电信号来控制管道通断的阀门，用于喷泉工程的自控装置。此外，也可选择电动阀、气动阀来控制管路的开闭。

5.1.4 喷泉供水形式

喷泉的供水形式主要有直接式供水和水泵循环供水。

（1）直接式供水

直接式供水是将自来水供水管接入喷水池内与喷头相连，给水喷射一次后即经溢流管排走。其优点是供水系统简单，占地小，造价低，管理容易；缺点是给水不能重复使用，耗水量大，运行费用高，而且供水管网水压不稳定，水形效果难以保证。适用于小庭院、室内大厅、临时场所等的小型喷泉。

（2）水泵循环供水

水泵循环供水需要设立泵房和循环管道，水泵将池水吸入后经加压送入供水管道，水经喷头喷射后落入池内，经吸水管再重新吸入水泵，使水循环利用。优点是耗水量小，运行费用低，在泵房内就可调整水形变化，操作方便，水压稳定；缺点是系统复杂，占地大，造价高，管理麻烦。适用于大型规模水景工程。

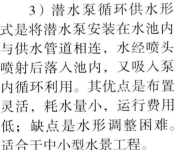

▲ 卧式离心水泵

1）泵房通常布置有水泵、管道、阀门、配电盘等各种机电设备，要求简单整齐，施工安装、管理操作方便。

2）水泵是一种应用广泛的水利机械，种类很多，在喷泉系统中主要使用的有离心泵、潜水泵、管道泵等。陆用泵一般采用 IS 系列、S 系列，潜水泵多采用 QX、QY、QS 系列。

3）潜水泵循环供水形式是将潜水泵安装在水池内与供水管道相连，水经喷头喷射后落入池内，又吸入泵内循环利用。其优点是布置灵活，耗水量小，运行费用低；缺点是水形调整困难。适合于中小型水景工程。

▲ 立式离心水泵

▲▶ 小型潜水泵

▲ 各种样式供水泵

5.1.5 常用喷头类型及水形

喷泉喷头是完成喷泉艺术造型的主要部件，它的作用是把具有一定压力的水，经过造型的喷头，喷射到水面的上空，形成绚丽多彩的水花。各种不同喷头的组合配置，更能创造出千姿百态的水景，产生奇妙的艺术效果，令人兴奋激动，深受人们青睐。

喷泉喷头的种类很多，按照结构形式可分为直射、旋转、吸力、雾化等类型；按照所喷水流的花形可分为蒲公英、喇叭花、蘑菇形、冰塔形、孔雀开屏以及喷雾喷头等多种类型。

（1）定向直射喷头——只能喷射出垂直或倾斜的固定射流。

（2）万向直射喷头——装有球型接头，可沿垂直方向15°进行调节，可组成不同形状的喷水效果；射流的高低和角度的变化，可根据水池的形状与大小而定。

（3）中心直上喷头——也叫中心水柱喷头，是在同一个配水室上安装多个万向直流喷嘴。当这些喷嘴规格相同时，喷出的水柱雄壮笔直；当这些喷嘴规格不相同时，大小喷嘴布设得当，喷出的水柱层次分明，主题突出，是大型喷泉必备的主要喷头。

（4）凤尾喷头——在一个配水室上，安装一排可调向并带阀的小喷嘴。喷水时造型如同凤尾，水流舒展柔媚。

（5）旋转式喷头——利用喷嘴喷水时的反向作用力，推动喷头的转筒反向旋转，形成旋转的喷水造型。

（6）吸气式喷头——也称为加气喷头、掺气喷头、泡沫喷头。这种喷头的外面有一个套筒，并在出水口附近装了一个吸气管。当压力水喷出时，空气通过吸气管吸入喷头，与喷嘴喷出的水汇合，喷出的水柱呈白色不透明状，水光效果好。调节外套的高度可以改变吸入的空气量，吸入空气越多，水柱的颜色越白、泡沫越细。

（7）喷雾喷头——也是加气喷头的一种，又称鼓泡喷头、珍珠喷头。这种喷头喷出来的水滴很细，成为雾状，在阳光照射下可形成七色彩虹。

做法一：套管内装有螺旋状导流板，水沿导流板螺旋运动，水由出水口被压出后，形成细雾状水珠。

做法二：在喷头出水口外，装一个雾化针，将水流粉碎成水雾。

（8）花柱喷头——是多孔散射喷头的一种，又名层花喷头、花篮喷头。喷水时其外观形似一束鲜花，造型美观，且安装方便，适用于各种场景的喷水池中。

（9）涌泉喷头——出水口较大，当喷头在水面

▲ 定向直射喷头　▲ 万向直射喷头　▲ 中心直上喷头

▲ 凤尾喷头　　　　　▲ 旋转式喷头

▲ 吸气式喷头　　　　▲ 喷雾喷头

▲ 花柱喷头

▲ 加气涌泉喷头

下垂直向上喷射时，在水面能形成涌泉状或蘑菇状造型。

（10）玉柱喷头——喷嘴断面为一环缝隙，当压力水从中直射喷出时，其水姿呈筒状空心水膜，形似水晶圆柱。

（11）半球形喷头——出水口前面有一个喇叭形导水板，出水时形成喇叭花状水形，故又称喇叭花形喷头。在喷头下方可安装阀门调节水量，同时还可以调节喷头顶部的盖帽，使喷水花形达到最佳效果。

（12）伞形喷头——出水口上有一个弧形反射器，水流通过反射器导水板后，形成伞形水膜。

（13）扇形喷头——水流从扁平的喷嘴缝隙中喷出，形成扇形水膜．

（14）风车形喷头——当水流喷出时能喷出像车轮一样旋转的水花或呈螺旋状的水花。

（15）双开屏喷头——壳体上有二排二十多个孔，能喷射出多条水线，形成孔雀双开屏形状的水流。

（16）礼花形喷头——是多孔散射喷头的一种，又称莲蓬喷头。其喷水造型犹如正在燃放的礼花，美观大方，适用于各种场合的喷水池中。

（17）蒲公英形喷头——是在一个球形配水室上辐射状安装多根支管，在每根支管的顶端装有向四周折射的喷嘴，从而组成一个大的球体，喷水时，水姿形如蒲公英花球。

（18）冰塔形喷头——上部有一个花瓶形的套筒，它与下面的喷头间有支架连接。当压力水向喷嘴喷出时，在出水口附近形成负压区，将附近的水吸入套筒与喷出的水汇合，形成冰塔形的水柱。

（19）可调三层花喷头——可调向喷头分布在三个不同高度的台面上，各台面上有不同数量、大小的出水口，能喷出不同高度、不同水量的造型水，形成重瓣花水形。

（20）特殊造型的喷头：

1）层流喷头——可喷出光滑不散水柱的特制喷头，配上切割装置即可成为子弹（鼠跳）喷头，配上照明装置即可成为光导喷头。

2）水雷喷头——置于水下可喷出爆炸水柱的喷头，常由气压缸、特制喷嘴及控制装置组成。

▲ 玉柱喷头　　▲ 半球形喷头　　▲ 双层半球喷头

▲ 伞形喷头　　　　▲ 扇形喷头

▲ 风车形喷头　　　▲ 双开屏喷头

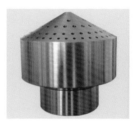

▲ 礼花形喷头　　　▲ 蒲公英喷头

▲ 冰塔形喷头　　　▲ 可调三层花喷头

▲ 各式喷头与水下灯　　　▲ 集流喷头　　　▲ 莲蓬式喷头　　　▲ 升降半球喷头

3）超高喷头——可将水喷至百米以上的喷头，常由特制喷头和配水整流装置组成。

4）升降喷头——在水压作用下可以升降的各种喷头，一般常用的喷头均可做成可升降的喷头。

5）踏泉喷头——与专用控制装置配套，在游人触发时，能喷出爆炸形式或其它形式水柱的喷头。

6）跳跳泉喷头——由电子设备控制，能喷射出实心水柱或断续的水流。当以一定角度射出的实心水柱沿抛物线跃向空中，具有对跳、错位跳、长跳、短跳等形式组合。垂直使用时，会产生爆发式喷射，在音乐喷泉中使用具有极强的趣味性。

7）超雾化喷头——普通水雾喷头喷出的雾滴直径为毫米级，而超雾化级喷头则可喷出微米级雾滴，形成近似烟云状态，可分为高压式、压缩空气式、超声波式等。

▲ 超高与定向直射组合喷泉景观

▲ 超高与万向直射组合喷泉景观

▲ 万向直射与蒲公英组合喷泉景观

▲ 超高喷泉

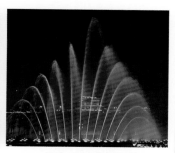

▲ 万向直射喷泉景观

▲ 半球形喷泉

▲ 涌泉喷泉

▲ 冰塔形喷泉

▲ 花柱形喷泉

▲ 可调三层花喷泉

▲ 凤尾喷泉

▲ 喇叭花喷泉

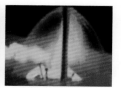

▲ 伞形喷泉

▲喷雾喷泉

▲ 扇形喷泉

▲ 吸气式喷泉

5.2 瀑布、跌水工程材料

　　瀑布在园林景观中通常是指人造的立体落水，常依建筑物或假山而建，是自然界瀑布风光的微缩景观。瀑布可置于城市广场、街头、公园、庭园及室内装点，为人们带来大自然的灵气。由瀑布形成的水景有着丰富的性格或表状，有大瀑布的轰然怒吼，也有小水珠的悄然滴流。瀑布的形态及声响因其流量、流速、高差及落坡材质的不同而不同。

　　跌水（又称叠水）是指水由上而下分层连续流出或呈阶梯状流出的景观，是巧用地形、美化环境的一种理想的山水体布置形式。可根据地形情况设计跌水的长度和层数，常因跌水的流量不同、台阶高低不同、层数多少不同而形成形态万千、水声各异的景观效果。在园林中，山地、斜坡、建筑物的台阶都可以用来布置跌水。

▦ 1. 水　量

　　瀑布、跌水的首要问题是给水，其水源有三种：
　　（1）利用天然的水位差，需要有泉水、溪流、河道等水资源；
　　（2）直接利用城市自来水，用毕排走，但投资成本高；
　　（3）采用水泵循环供水。

　　人工瀑布的水量较大，通常采用循环水。瀑布水量越大就越接近大自然，气势雄伟，能量的消耗也大。瀑布、跌水在跌落的过程中，水体和空气摩擦碰撞，渐成白色水滴分散，景观效果好。

▲ 小型瀑布景观　　　　　　▲ 大型瀑布景观

▦ 2. 溢水口

　　溢水口是瀑布造型的关键。如果要求瀑布像一匹绸缎那样平滑光亮地飞泻而下，就要求溢水口必须绝对水平且光滑。若有一点沟隙凹凸都会形成一道皱折水缝，使透明水布变成白色水花。

　　如果是水池平面形状较为规则的溢水口，且长度大，建议在抹灰面上包覆不锈钢板、杜邦板、铝合板、复合钢板等新型材料，并在板的接缝处仔细打平、上胶至光滑无纹，一般使水流速度控制在0.9~1.2m/s。这样的溢水口就要有相当的水深和面积，形成一个高水池，俗称天池或上水池。

◀溢水口

3. 下水池

瀑布、跌水跌将到下水面，会产生水声和水溅，如果有意识地加以利用，可产生很好的效果。如在落水处放块石板受水会增加溅水；放个水车，会有动态；把瀑布的墙面内凹，暗面可衬托水色，可以聚声、反射，也可以减少瀑布水流与墙面之间产生的负压。为了防止水溅，一般将下水池的宽度设置为大于瀑布高度的 2/3。

▲ 下水池

4. 瀑布涩水

如果水体沿着墙面滑落，则成为另一种落水景观，称为涩水。涩水的墙面由光滑到粗糙、台阶形状，倾斜角度也由大至小，可出现各种不同的景观趣味。

涩水面如果是台阶式，一步一步往下流淌跌落，这时台阶的长和宽要与水量配合。通过测试，取得或跳跃或贴墙等各种不同的效果。上下各个台阶之间也不尽相同，堆叠出如螺旋形、放射形的台阶及各个不同高差台阶的搭配等，使水姿有聚有散，有急有缓。

涩水面如果是平面，最好和地面有 5~10° 的倾斜。流水表面的粗糙程度各有不同，水量有大有小，从初显潮湿至流淌飞瀑，要按设计总体要求而定。

另一种设计是水沿着透明尼龙丝形成缓流，

▲ 瀑布涩水景观

无声而下。尼龙丝可以组成各种的形状，犹如一条放大的弦琴。这种设计要求水质保持洁净，不致污染尼龙丝而产生变色。

◀ 瀑布涩水景观

5. 跌水形式

跌水的形式多样，按其落水的形态分为单级式跌水、二级式跌水、多级式跌水、悬臂式跌水、陡坡跌水等。

（1）单级式跌水——水下落时无阶梯状落差，由进水口、胸墙、消力池等组成。

▲ ▶ 单级式跌水

1）进水口：是经供水管引水至水源的出口，应通过某些手法使其自然化，如配饰山石等。

2）胸墙：也称跌水墙，它影响水态、水声、水韵，要求坚固、自然、美观。

3）消力池：也称承水池，其作用是减缓水流冲击力。池底要有一定厚度，一般墙高大于2m时，底厚15cm。消力池长度也有要求，其长度应为跌水高度的1.5倍。

▲ 二级式跌水

（2）二级式跌水——水下落时有两阶落差，通常上级落差小于下级落差。二级跌水的水流量较单级跌水少，故消力池壁的厚度可相应减小。

（3）多级式跌水——水下落时有三阶以上落差，一般流量较小，因而各级均可设蓄水池。

▲ 多级式跌水

（4）悬臂式跌水——是将泻水石凸出呈悬臂状，使水能泻至池中间，使落水更具魅力。

◀悬臂式跌水

▲ 悬臂式跌水

（5）陡坡跌水——是以陡坡连接高、低渠道的开敞式构筑物。由于水流较急，需要有稳固的基础。

▲ 陡坡式跌水

5.3 驳岸、护坡工程材料

园林水体景观中各种水体需要稳定、美观的岸线，防止水岸塌陷而影响水体，所以应在水体的边缘修筑驳岸或进行护坡处理。

1. 驳 岸

驳岸是一道临水的挡土墙，是支撑陆地和防止岸壁塌陷的水工构筑物。

（1）按照造型形式分为规则式驳岸、自然式驳岸、混合式驳岸。

1）规则式驳岸——用块石、砖、混凝土砌筑的几何形式的岸壁，如常见的重力式驳岸、半重力式驳岸、扶壁式驳岸等。这种驳岸多属于永久性的，要求较好的砌筑材料和较高的施工技术。

2）自然式驳岸——外观无固定形状或规格的岸坡处理，如常见的假山石驳岸、卵石驳岸等。

3）混合式驳岸——规则式与自然式相结合的驳岸，一般为毛石岸墙、自然山石岸顶。混合式驳岸施工简易，具有一定的装饰效果。

（2）按照结构形式分为浆砌块石驳岸、板桩式驳岸和混合式驳岸。

1）浆砌块石驳岸——在自然地基上直接砌筑的驳岸，埋设深度不大，但坚实稳固。如块石驳岸中的虎皮石驳岸、条石驳岸、假山石驳岸等。

2）桩基类驳岸——当地基表面为松土，且下层为坚实土层或基岩时最适宜用桩基。由桩基、卡裆石（桩间填充的石块，起保持木桩稳定作用）、盖桩石（桩顶浆砌的条石，作用是找平桩顶以便浇注混凝土基础）、混凝土基础、墙身、压顶几部分组成。

▲ 块石驳岸施工现场

桩基材料有木桩、石桩、灰土桩、混凝土桩、竹桩、板桩等。

①木桩——木桩要求耐腐、耐湿、坚固、无虫蛀，如柏木、松木、榆树、橡树、杉木等。桩木的规格由驳岸的要求和地基的土质情况所决定，一般直径为10~15cm，长

▲ 太湖石驳岸

▲ 自然石驳岸

▲ 千层石驳岸

◀ 塑石与卵石组合驳岸

度为1~2m，弯曲度（直径与长度之比）小于1%。

②灰土桩与混凝土桩——灰土桩适用于岸坡水淹频繁而木桩又易被腐蚀的地方。混凝土桩坚固耐久，但投资比木桩大。

③竹桩——竹桩驳岸造价低，取材容易，如毛竹、大头竹、勒竹、撑篙竹等均可被采用。

3）混合式驳岸——驳岸打桩后，基础上部临水墙身由竹篱或板片镶嵌而成，适用于临时性驳岸。其造价低廉、取材容易、施工简单、工期短。

▲ 塑石驳岸

▦ 2. 护　坡

护坡是保护坡面、防止雨水径流及风浪拍击，以保护岸坡稳定的一种措施。常用方法有铺石护披、预制混凝土框格护坡、钢丝网护坡、植物护坡等。

（1）铺石护披

当坡岸较陡，风浪较大或造景需要时，可采用铺石护坡。其施工容易，经久耐用，护坡效果好，还能因地造景，灵活随意。

▲ 铺石护坡

护坡材料要求吸水率低，密度大（比重不小于2），抗冻性强，如花岗岩、砂岩、砾岩、板岩等石料，以块径18~25cm、长宽比1:2的长方形石料最佳。如果火成岩吸水率超过1%或水成岩吸水率超过1.5%（以质量计）要慎用。

铺石护坡的坡面应根据水位和土壤状况而定，一般常水位以下部分坡度小于1:4，常水位以上部分1:1.5~1:5。

（2）预制混凝土块护坡

预制混凝土块采用水泥、碎石、砂等材料拌和制成，一般厚度为6~12cm。为了加强牢固度，可以在预制块中间加夹数根6~8mm的钢筋。根据护坡的实际情况，可将预制块制成正方形、长方形、六边形等，可以组合成不同的护坡样式。

▲ 预制混凝土块护坡

▲ 预制混凝土框格护坡

▼▲ 预制钢丝网框格护坡

（3）预制混凝土框格护坡

预制框格有混凝土、铁件、金属网、塑料等材料制作而成，其中每一个框格单元的设计形状和规格大小都可以有很多变化。框格一般是预制生产的，在边坡施工时再装配成一些简单的图形。用锚和矮桩固定后，再往框格内填满肥沃壤土，土要填得高于框格，并稍稍拍实，防止下雨时流水渗入框格下面，将框底泥土冲刷走而使框格悬空。

（4）植物护坡

通常不采用乔木做护坡植物，因为乔木重心较高，可能因大风刮倒而使坡面坍塌，故常用灌木和草皮做护坡材料。

1）灌木护坡——适于大面积平缓水面的护坡。由于灌木有韧性，根系盘结，不怕水淹，能削弱风浪冲击力，减少地表冲刷，护坡效果较好。护坡灌木要具备速生、根系发达、耐水湿、株矮、常绿等特点。一般要求土层厚度 40~80cm。

2）草皮护坡——适于坡度较小的湖岸缓坡。一般要求土层厚度 20~40cm。

▲ 草皮护坡施工现场

▲ 草皮护坡

▲ 灌木护坡

5.4　泳池工程材料

　　目前常见在一些高档会所、别墅的后花园内建有中、小型泳池，既可作健身运动，又是很好的水景景观。泳池的构造与喷水池相似，也是由基础、池底、防水层、池壁、压顶以及供水管、补给水管、溢水管、泄水管等构成。为了泳池水面的美观，常采用蓝色或浅蓝色马赛克贴于池底和四壁，也可以加杂一些其它颜色的马赛克拼贴为各色各样的图案，既使水面呈现清澈的海水蓝，又可观赏水底花色图案，让人赏心悦目，流连忘返。

◀▲ 高档会所泳池　　　　▲ 泳池池底拼花图案

▲◀ 私家别墅泳池

06 古建筑工程材料

GUJIANZHU GONGCHENG CAILIAO

　　我国的园林建筑历史悠久，在世界园林史上享有盛名。园林古建筑是指建造在园林和城市绿地内供人们游憩或观赏用的建筑物，通常包括亭、台、楼、阁、榭、舫、轩、廊、厅、堂、门、墙、寺、庙、庵、塔、桥等建筑形式，俗称"亭、台、楼、阁"。这些园林建筑用料考究，工艺独特，形式多样，并在布局上常隐于山水之中，将人工美与自然美融为一体，形成巧夺天工的奇异效果。

　　园林古建筑在园林中主要起到以下几方面的作用：一是造景，即园林古建筑本身就是被观赏的景观或景观的一部分；二是作为主体建筑的必要补充或联系过渡；三是为游览者提供观景的视点和场所；四是为游人提供休憩及活动的空间；五是提供简单的使用功能，诸如售票、小卖、摄影等。

　　园林古建筑不但很好地继承了传统文化，也对城市绿化和环境保护起到了积极的促进作用。当前随着环境问题日益凸显，促使全社会日益重视生态环境，在国家振兴文化产业并更加强调环境保护的大趋势下，园林古建筑也将得到更加长足的发展。

6.1　古建筑结构材料

　　古建筑是园林建筑中的主要景物，其独特的造型和色彩给园林增添了生气和灵感，对点缀园林景观具有重要作用。古建筑结构材料主要有木材、石材、砖材及瓦材等，其中木材和石材将在第8章（装饰工程材料）作详细介绍。

6.1.1　古建筑砖材

　　古式建筑中使用砖的种类较多，不同的建筑等级、不同的建筑形式所选用的砖也不相同。下表列举清代建筑中用砖的规格与应用部位。

清代建筑各种砖的规格与应用部位

砖 名 称		规 格（mm）	应 用 部 位
城　砖	停泥城砖	480×240×120	城墙、下碱（干摆墙、丝缝墙）
	大城砖	464×234×120	基础、下碱（干摆墙、混水墙）
停泥砖	大停泥	410×210×90	大式、小式墙身的干摆墙、丝缝墙
	小停泥	295×145×70	小式墙身的干摆墙、丝缝墙
条　砖	大开条	288×145×64	淌白墙、檐料
	小开条	256×128×51	淌白墙、檐料
方　砖		570×570×60	地面铺装
望　砖		210×100×20	铺屋面（用于椽子上）

▲ 大城砖砌筑城墙基础

▲ 小方砖（砌筑景墙）

▲ 条砖（小开条）砌筑景墙

6.1.2　古建筑瓦材

　　古建筑屋顶用瓦分为琉璃瓦和青瓦（布瓦）两大类。其中琉璃瓦又分为瓦件类、脊件类、饰件类、特殊瓦件及宝顶五个类型。

1. 瓦件类

　　（1）板瓦——又称为底瓦，凹面向上，逐块压叠摆放，用于屋面。板瓦沾琉璃釉应不少于瓦长的2/3。
　　（2）筒瓦——又称为盖瓦，用于扣盖两行板瓦间的缝隙之上。
　　（3）滴水瓦——又称为滴子，在板瓦前加有花纹图案的如意形滴唇，用于瓦垄沟，外露部分上釉。
　　（4）勾头瓦——又称为猫头，用于筒瓦端部勾檐之上，上置瓦钉和钉帽固定。
　　（5）钉帽——用于勾头之上遮盖固定勾头的瓦钉，有塔状和馒头状两种。
　　（6）折腰板瓦——用于陇脊部的板瓦，瓦面全部上釉。

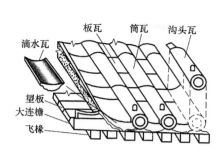

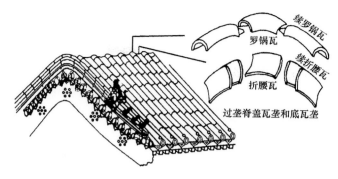

▲ 瓦件类材料式样（琉璃瓦屋面）　　　▲ 瓦件类材料式样（歇山建筑卷棚顶的过垄脊）

（7）续折腰板瓦——用于连接折腰板瓦与板瓦。

（8）罗锅筒瓦——用于过陇脊（又称元宝脊）的上部。

（9）续罗锅筒瓦——用于筒瓦与罗锅筒瓦之间，一端做有熊头。

（10）满面砖——黄色者称为满面黄，绿色者称为满面绿；用于围脊最上部，以遮盖围脊与围脊之间的空隙。

（11）蹬脚瓦——安置在围脊筒上沿，承接满面转。

（12）博脊瓦——用于博脊最上部。

（13）沟筒瓦——形成窝角连接部位的排水沟。

（14）羊蹄沟头——用于屋面窝角天沟两侧瓦陇的沟头。

（15）斜房檐——用在斜天沟两侧，羊蹄沟头之下。

（16）天沟头——窝角天沟的滴水，用于天沟端部。

（17）平面滴子——用于水平天沟底瓦端头。

（18）合角滴子——又称为割角滴水，用于出角的转角处。

（19）螳螂沟头——用于翼角前端、割角滴水之上。

▲ 青瓦屋顶样式

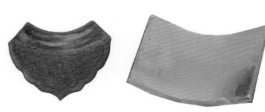

▲ 滴水瓦　　　　　　▲ 青瓦（板瓦）

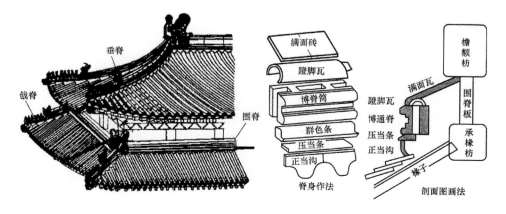

▲ 瓦件类材料式样（重檐庑殿建筑的围脊）

（20）正当沟——用于正脊下部与瓦面相接处。

（21）斜当沟——用于庑殿脊、戗脊、角脊下部瓦陇之上。

（22）平面当沟——又称为当沟，属于正当沟的一种，用于攒尖屋面与宝顶相接处。

（23）托泥当沟——用于歇山垂脊端的下部，与瓦面相接处。

（24）吻下当沟——用在正脊大吻吻垫之下。

（25）元宝当沟——又称为山样当沟，用于元宝脊下部与瓦面连接处。

（26）过水当沟——用在屋面脊中出水口处。

（27）撞尖板瓦——又称为咧角板瓦，用于翼角戗脊两侧与脊连接的底瓦。

（28）遮朽瓦——用在翼角端，割角滴水之下，套兽之上。

（29）瓦口——用在非木制连檐瓦口处。

▲琉璃瓦（勾头瓦）　▲琉璃瓦（滴水瓦）

▲琉璃瓦（筒瓦）　▲琉璃瓦（正当沟）

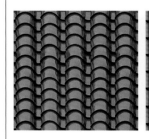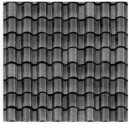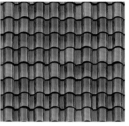

▲琉璃瓦样式

2. 脊件类

（1）正通脊——俗称正脊、正脊筒子，用于五样以下瓦料房屋的屋顶正脊。

（2）赤脚通脊——简称赤脊，用于四样以上正脊。

（3）黄道——与赤脚通脊相接配合使用。

（4）大群色条——又称为相连群色条，简称相连，用于黄道之下。

（5）群色条——用于五样至七样房屋正通脊之下。

（6）压当条——用于正脊群色条之下，正当沟之上或垂脊侧。

（7）垂脊——又称为垂通脊，俗称垂脊筒子，用于戗脊或岔脊筒子。垂脊筒与戗脊筒外观相同，仅端部角度稍有变化，戗脊高为同一建筑的九折。此件用在悬山、硬山、歇山垂脊、戗脊、重檐角脊或庑殿脊，常用于七样以上瓦料的房屋。

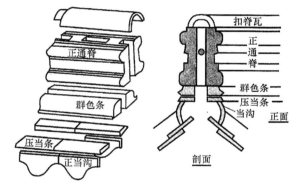

▲脊件类式样（庑殿正脊五六样）

（8）博脊——用于重檐建筑围脊，一面外露有釉，一面为无釉平面，无釉平面砌入脊内。

（9）承奉博脊连砖——一面带釉，一面为雪釉平面，用于五样以上瓦料歇山博脊。

（10）博脊连砖——用于六样以下瓦料歇山建筑博脊，一面带釉，一面为无釉平面。

（11）挂尖——用于博脊两端，隐于排山沟头滴子之下。

（12）大连砖——外观与博脊连砖同，两面带釉，用于墙帽或小型建筑的正、垂、角脊。

（13）戗尖大连砖——当大连砖用于垂脊时与吻兽结合处用。

（14）小连砖——外观比三连砖少一道线，当小型建筑（用八九样瓦料）用三连砖戗兽的兽后部分时，用于兽前。

（15）三连砖——用于七样瓦件以上房屋的庑殿脊、戗脊、角脊兽前部分，也用于八九样瓦件建筑（如门楼、影壁等）的兽后部分，线形与博脊连砖相似。

（16）披水砖——用于披水排山脊之下，山墙博缝之上。

（17）披水头——用于披水头部。

（18）戗脊割角——用于歇山戗脊与垂脊连接处。

（19）合角大连砖——作用同戗脊割角。

（20）合角三连砖——作用同戗脊割角。

（21）戗脊割角带搭头——用于歇山戗脊，一端与垂脊连接，另一端戗兽座。

（22）合角大连砖带搭头——作用同戗脊割角带搭头。

（23）合角三连砖带搭头——作用同戗脊割角带搭头。

（24）罗锅压带条——用于卷棚（圆山）箍头脊内侧顶部。

（25）罗锅垂脊——用于圆山箍头脊顶部。

（26）续罗锅垂脊——用于圆山箍头脊，接罗锅垂脊筒。

（27）脊头——用于无兽头的垂脊端部。

（28）垂脊搭头——用于垂脊与兽座接合处。

（29）大连砖带搭头——作用同垂脊搭头。

（30）三连砖带搭头——作用同垂脊搭头。

（31）垂脊戗尖——用于垂脊与正吻接连处。

（32）垂脊燕尾——用于攒尖建筑垂脊与宝顶连接处。

（33）燕尾大连砖——作用同垂脊燕尾。

（34）燕尾三连砖——作用同垂脊燕尾。

（35）燕尾带搭头——用于重檐建筑戗脊、燕尾接合角吻、搭头接兽座。

（36）燕尾大连砖带搭头——作用同燕尾带搭头。

（37）燕尾三连砖带搭头——作用同燕尾带搭头。

（38）吻座——用于正脊端部垫托正吻。

（39）兽座——用于垂脊、戗脊兽之下。

（40）垂兽座——用于歇山垂脊兽之下。

（41）连座——将兽头与垂脊搭头做在一起，另一端可与垂脊平接。

（42）撺头——用于戗脊（或庑殿脊、角脊）端部、方眼勾头之下，有饰纹。

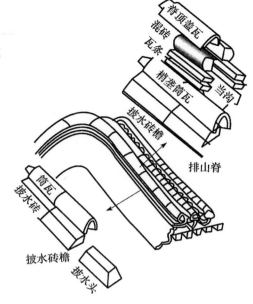

▲ 脊件类式样（排山脊）

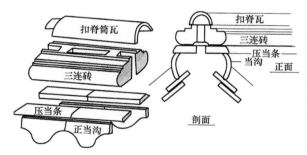

▲ 脊件类式样（庑殿正脊七样）

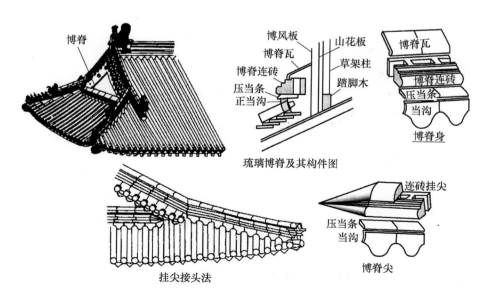

琉璃博脊及其构件图

挂尖接头法

博脊尖

▲ 脊件类式样（歇山建筑博脊）

（43）摘头——又称为扒头，用于撺头之下，有花饰。

（44）咧嘴撺头——用于硬山、悬山的垂脊端部。

（45）咧嘴扒头——与咧嘴撺头连用。

（46）三仙盘——用于瓦件在八九样的戗脊头，代替撺头、扒头。

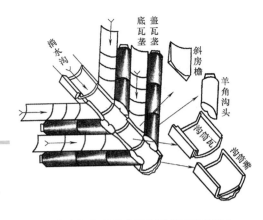

▲窝角部位瓦件（亭廊屋顶屋面衔接）

▓▓▓ 3. 饰件类

（1）正吻——又称为大吻，龙吻吞脊兽，用于正脊两端。小件用整块，大件分块。二样吻多至12块。正吻附件有剑把、背兽。

（2）脊兽——俗称兽头。用于城防建正脊两端，嘴头向外。用于垂脊时称为垂兽，用于戗脊是时称为截兽（也称戗兽），上附兽角。

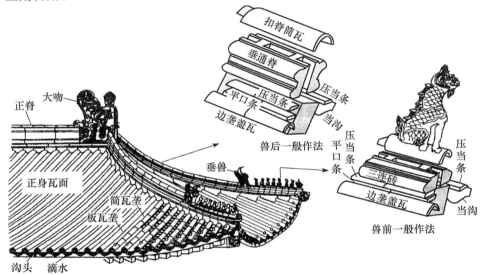

▲屋顶饰件材料位置及式样（庑殿建筑）

（3）屋脊走兽——走兽的安置次序首先是仙人指路，其后为龙、凤、狮、天马、海马、狻猊、狎鱼、獬豸、斗牛、行什（俗称猴）十个。在使用中一般呈单数，根据建筑物规模采用3、5、7、9个走兽不等。国内古建筑仅见故宫太和殿用至十个走兽。

（4）仙人——脊端构件，用于戗脊、庑殿脊、角脊或垂脊端部，置于方眼勾头之上。

▲屋顶饰件类位置及式样（庑殿建筑）

▲屋脊走兽样式及排位

（5）套兽——套于仔角梁端部。

（6）合角吻——用于屋脊转角处。

  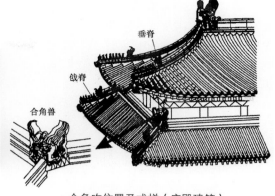

▲ 屋脊走兽样式

▲ 合角吻位置及式样（庑殿建筑）

4. 特殊瓦件

（1）星星瓦——形如筒瓦，中有眼，可加瓦钉和钉帽固定于大型琉璃瓦筒腰节处，并可用于固定吻索的索钉。

（2）竹节勾头——用于圆形攒尖建筑，一头小一头大，称为竹节瓦，其勾头与熊头端有收分。

（3）竹节筒瓦——两头大小不等，用于圆形攒尖建筑物。

（4）竹节瓦滴水——由滴唇向后可收分者，用于圆形攒尖建筑底瓦檐端。

（5）咧角盘子——用于瓦件在八九样的垂脊头部，代替咧角撺、捎头。

（6）罗锅披水砖——用于卷棚披水排山脊的脊中部。

（7）无脊瓦——用于砖压顶。

（8）竹节板瓦——大口至小口有一定收分，用于圆形攒尖建筑底瓦。

（9）兀扇瓦——用于圆形攒尖瓦面顶尖的宝顶底下。筒板瓦较小，连做成一片，因此常称为"联办"，又取其形状似莲瓣之意。

（10）蝴蝶瓦——又称为尖泥瓦，用于四坡板瓦脊部汇合处之上。

（11）板瓦抓泥瓦——小头屈曲处嵌入底瓦夹泥内，在底瓦中间使用，但不常用。

（12）无脊砖交头——用于砖栏（矮墙）端部压顶。

（13）无脊砖转角——用于砖栏压顶。

（14）无脊砖方角——用于砖栏压顶直角转角处。

5. 宝 顶

宝顶是古建筑中极具装饰意味的部件。攒尖屋顶用宝顶压脊，不仅能有效防漏，而且起到了极佳的装饰作用。

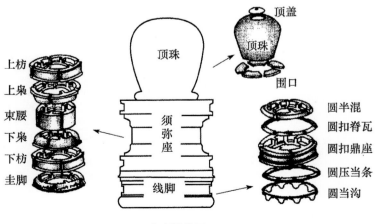

▲ 宝顶结构图

　　宝顶大体分为顶座和顶珠两部分。宝顶形状一般为圆形，其它形状极为少见。宝顶的须弥座自下而上层层叠起，最下一层为圭脚，依次为下枋、下枭（通常做成莲花瓣形，习惯称为下莲瓣）、束腰、上枭、上枋等部件。宝顶的顶珠常见为长圆形，宛如倒扣的坛子，中空无底，上有顶盖。宝珠与顶底连接处有薄围口 1~2 层。

　　宝顶琉璃构件与屋面瓦件、装饰件、脊件的不同之处：宝顶造型各不相同，而屋顶瓦件的尺寸是固定不变的。

▲ 不同造型的宝顶

6.2 古建筑装饰材料

园林古建筑装饰材料主要有灰浆材料、彩绘材料及油漆材料等。

6.2.1 古建筑灰浆材料

灰浆相当于现代建筑中应用的砂浆，也是用于砌砖和筑瓦。古建筑灰浆的基本材料是石灰，由它与其它材料配合组成各种灰浆。灰浆的种类、制作方法与主要用途详见下表。

灰浆种类、制作方法与主要用途

名　称	制　作　方　法	主　要　用　途
泼　灰	将生石灰块用水反复均匀泼洒，成粉状后过筛	制作灰浆的原材料
泼浆灰	将泼灰过细筛后分层用青浆泼洒，白灰：青灰 =100：15	制作灰浆的原材料
煮浆灰	将生石灰块加水搅拌成浆状，过筛发胀而成	制作灰浆的原材料
生石灰浆	将生石灰加水搅成浆状，经细箩过淋后掺入胶凝物质	内墙（白灰墙面）粉刷
熟石灰浆	将泼灰加水搅成稠浆状，过箩后掺入胶凝物质	内墙（白灰墙面）粉刷
青　浆	将青灰加水调制成浆状物	青灰墙面粉刷
老浆灰	将青灰加水搅匀再加生石灰块（青灰：白灰 =7：3），搅成浆状	青灰墙面粉刷
素　灰	由不掺麻刀的煮浆灰或泼灰加水调匀而成	用于筑瓦
色　灰	由各种灰加配所需颜料，均匀搅拌而成	用于各色墙面粉饰
月白灰	泼浆灰加水或青浆调匀，掺入适量麻刀	室外抹月白灰或青灰
三合灰	月白灰加适量的水泥，根据需要可掺入麻刀	抹灰打底
纸筋灰	将草纸用水闷成纸浆，放入灰膏中搅匀，灰膏：纸筋 =100：5	室内抹灰的面层
麻刀灰	各种灰浆调匀后掺入麻刀搅拌均匀，配合比为 100：4	泥底灰的面层
烟子浆	把黑烟子用熔化的胶水搅成膏状，再加水搅拌成浆状	用于需染黑的地方
油　灰	用面粉加细石灰粉，再加烟子、桐油，经搅拌均匀而成	抹灰打底或黏接木头
麻刀油灰	用桐油泼生石灰块成粉状后过筛，掺入麻刀与适量面粉，加水反复锤砸而成	用于打底或黏接石头

6.2.2 古建筑彩绘材料

古建筑彩绘材料主要有黄胶、金箔、颜料等。

▦ 1. 黄　胶

黄胶是用石黄、胶水和适量的水调制而成的，也可用光油、石黄、铅粉调制成"包油胶"。

▦ 2. 贴金材料

贴金材料主要采用金箔，其薄如纸。苏州产的金箔，每帖十张，有三寸二分、三寸八分两种。从色度深浅上分为库金（颜色发红、金的成

▶ 屋顶贴金

色最好）、苏大赤（颜色正黄、成色较差）、田赤金（颜色浅而发白，实际上是"选金箔"）三种。赤金的成色约为 84%，其余为银，其色发白，每张金箔的面积为 84mm×84mm。库金的成色约为 93%，其余为铜，其色发红，每张大小为 93mm×93mm。每种金箔的边长基本代表其成色的含量。

此外还有两种假金做法：一是"选金箔"，其颜色如金而实际上是用银来熏成的；二是用银箔或锡箔作为代用品，外用黄色透明的光漆罩之（名曰"罩金"），也有金箔的效果。前者日久银质氧化，易发黑；后者若加工成功，耐久性较长。

▲ 雕刻贴金

3. 着色颜料

在着色时，常用的颜料有石青、石绿、赭石、朱砂、靛青、藤黄、铅粉等。前四种颜料属于矿物质颜料，覆盖力强，色泽经久不衰；靛青、藤黄属于植物性颜料，透明性好，覆盖力差；铅粉是一种人工合成的白色颜料，覆盖力较强，但日久会变黑（称为返铅），常用的调料是胶和矾。

6.2.3　古建筑油漆材料

古建筑油漆材料主要有灰油、光油、打满、地杖灰、腻子等。

1. 油

（1）灰油——采用几种物质经熬制而成，熬制灰油的材料比例为：生桐油 50kg、土籽灰 3.5kg、樟丹粉 2kg。若在夏季高温或初秋多雨的潮湿季节，樟丹粉应该增加至 2.5~3.5kg；若在冬天严寒的季节，土籽灰应该增加至 4~5kg。

（2）光油——主要是指用于饰面涂刷，用生桐油熬制而成，又称为熟桐油。市场虽有成品供应，但不适用于建筑的饰面涂刷，只适用于操底油、调腻子、加对厚漆等。

熬制光油的材料比例为：生桐油 40kg、白苏籽油 10kg、干净土籽粒 2.5kg（冬季熬油用 3~3.5kg）、密陀僧粉 1kg（夏季和初秋多雨季节用 1.5kg）、中国铅粉 0.75kg（粉碎后过细筛）。

（3）金胶油——即是以油代胶、起黏结作用的涂料。在建筑饰面上制作贴金、扫金、扫青、扫绿都需要使用金胶油。

金胶油采用不同物质经加兑而成，加兑金胶油的材料比例为：饰面光油 5kg，加入食用豆油 220g（在温度高时减至 150g，温度低时增至 300g）。

2. 打满与调灰材料

（1）打满——是指调制地杖灰用的胶结材料，由灰油、石灰水、面粉混合而成。打满的材料配比为：生石灰块 25kg、面粉 25kg、水 50kg、灰油 50kg。

（2）地杖灰——即是在建筑用木材表面涂刷油漆饰面以前所做的垫层。地杖灰就是做垫层的塑性材料。地杖的做法多种多样，如有两道灰、三道灰、四道灰、一麻四灰、一麻五灰、一麻一布六灰、两麻六灰、两麻一布七灰等。

地杖灰的材料配比（选用缩甲基纤维素来代替面粉）为：

1）生石灰粉 25kg（可采用成品袋装生石灰粉，运输、计量方便，直接加水即可调成灰膏；无需过淋、沉淀等复杂工序，在容器内即可进行；不出渣，无需废弃场所）。

2）调生石灰粉用水 35kg（考虑淋灰出渣时要带出一定水分，补足石灰水比例 1：1.5）。

3）溶解纤维素用水 15kg（这是旧配合比中面粉的吃水量，以此等量的水来确定纤维素的用量）。

4）纤维素 0.75kg（按纤维素溶成胶液所需水量为纤维素质量的 20 倍而定出）。

5）食用加工盐 0.25kg（考虑为加强石灰膏的附着性而附加的辅助料）。

6）聚醋酸乙烯乳液 0.375kg（考虑为促进纤维素的聚合性而附加的辅助料）。

素胶子加入灰油即成为打满，调地杖时由于灰的用途不同，素胶子与灰油的比例也有所不同。

3. 腻　子

腻子的种类很多，其实古建筑地杖本身就属于腻子的范畴。由于地杖的工程量大，操作技术比较繁杂，所以成为古建油作的代表性工序。除地杖之外，在涂刷饰面前或在涂刷过程中都需要做腻子。有地杖的是为了弥补地杖表面光滑度的不足，无地杖的是为了弥补木材表面的缺陷。

由于用途不同，腻子有许多种类，如在地杖表面做的有浆灰腻子、土粉子腻子，在木材表面上做清色饰面的有水色粉、油色粉、漆片腻子、石膏腻子等。

（1）浆灰腻子——先将做地杖用的细砖灰放在容器内，加入灰重 5 倍以上的清水，进行搅动、漂洗，乘灰粉在水中悬浮，较粗的颗粒已经沉淀之际，澄出灰水进行二次沉淀。至灰粉完全沉于水底将浮面清水澄出，这种细砖灰称为"澄浆灰"。加入适量的血料和少许生桐油，调成可塑状的腻子，即浆灰腻子。

（2）土粉子腻子——又称为血料腻子，用土粉子（或用大白粉加 20% 滑石粉也可）加入适量血料，调成可塑状腻子。

（3）水色粉、油色粉——两者均以大白粉为主，根据色调要求，调入适量粉状颜料。水色粉用温水调制成流动性粉浆，油色粉用光油加稀释剂调制成流动性粉浆。

（4）漆片腻子——是用酒精化开的漆片液调成的可塑状腻子。漆片又称为紫胶漆或虫胶漆，干漆成片状，用酒精浸泡即成液态漆。

（5）石膏腻子——将生石膏粉放入容器内，先加入适量光油调成可塑状。再加入少量清水，急速搅拌均匀成糊状，静止 2~3 分钟即凝聚成坨；然后进行搅拌，使其恢复成可塑状态，用湿布覆盖。用时放在木平板上用油灰刀或铁板翻折、辗压细腻后即可。若用于色油饰面，翻折时可加入少量相应颜色的饰面油或成品调和漆。

4. 古建筑油饰的设色

古建筑的设色，历朝历代，各有定制，在封建统治之下是不得违反的。如今虽不甚严格，但历史的时代风格，给人们留下了视觉习惯。对于古建筑上的色彩，如果用得不符合定制，难免让人看着不舒服。园林中为了求得与自然环境的协调，一般选用朱紫、铁红、荔色、香色、羊肝色、绿色、瓦灰等色彩。虽然古建设色制度规定比较复杂，但总的来看，色彩的种类并不太多，只有十几种，而且比较固定，数百年来变化不大。油饰色彩的配兑，并不是颜料与颜料的掺和，而是用不同品种的颜料先调成不同颜色的色油，然后以色油与色油进行混合。

下面根据设色制度中特有的名称作简单的配兑介绍。

（1）朱红——为银朱串油后的本色。但银朱由于产地不同，品种与色泽也不一样。传统上用进口铁盒银朱，现市场以无供应。广东佛山产的银珠和山东产的银珠，颗粒较粗、颜色较深，只宜用于画活，不宜作为油饰面。只有上海产的银朱，色泽较浅，颗粒细腻，因光油本身具有一定的色度。用上海银朱串油后，其红色比较纯正、鲜艳。

（2）深色二朱油——以广红油为主，配以二成银朱油，其色虽为紫色，但比较明亮。

（3）浅色二朱油——以樟丹油为主，配以二成银朱油，其色为比较明亮的浅红，一般用于室内。

（4）铁红——为广红油的本色，又称为红土子油。

（5）银朱紫——以银朱油为主，配以约四成的群青油，并加入少量石黄油，其色虽为紫红色，但比较沉着。

（6）羊肝色——以广红油为主，配以少量银朱油和烟子油。

（7）荔色——以广红油为主，配以一定数量的石黄油和烟子油。

（8）香色——以黄油为主，配以白色及少量蓝色油。

（9）绿色——颜料品种较多，若用进口的澳绿，即可串出原色；若用进口的巴黎绿或国产铜绿，需配以少量的铅粉油方能得到绿的正色。

（10）瓦灰——以铅粉油为主，配以一定数量的烟子油。

（11）墨绿——以绿油为主，配以少量的烟子油。

（12）铁黑——以烟子油为主，配以一定数量的广红油。

（13）蓝色——以群青油为主，配以少量的铅粉油。

（14）黑色——为烟子油的本色。

（15）白色——为铅粉油的本色。

此外，制作饰面还有一种主要颜色（金色），是用成品金箔贴上去的。

5. 麻、麻布、玻璃丝布

（1）麻——古建油漆彩画最基层（地杖）所用的麻为上等麻线，麻丝应柔软洁净无麻梗，纤维拉力强，其长度不小于10cm。

（2）麻布（夏布）——以品质优良、柔软、清洁、无跳丝破洞、拉力强者为佳。每厘米长度内以8~10根丝为宜。

（3）玻璃丝布——利用玻璃丝布代替麻布，经多年考验效果很好，既经济又耐久。用时将布边剪去，每厘米长度内以10根丝为宜。

6.3 古建筑材料应用实例

　　园林古建筑的结构独特，形式多样，其用料也多种多样，且十分考究。下面分别介绍各种古建筑的外部形态、内部结构和所用材料。

6.3.1 亭

　　亭是一种有顶无墙的建筑，在古时候是供行人休息的地方，"亭者，人所停集也"。亭的作用一是满足人们在活动中驻足休息、避雨纳凉、纵目远望的需要；二是亭子体量小巧而精致，造型独特而完整，往往在园景中是一个"亮点"，是园林景观的重要组成部分。

　　亭的形式千变万化，若按平面的形状分，常见的有三角亭、四方亭、六角亭、八角亭、圆亭、矩形亭、半亭以及组合式亭等；从立体构形来看，又可分为单檐、重檐和三重檐等类型；按亭顶的形式分，有攒尖顶亭、歇山顶亭、卷棚顶亭等；按所处位置分，有桥亭、路亭、井亭、廊亭等；按亭所用材料分，则有木亭、石亭、竹亭、草亭、玻璃亭、铁艺亭、钢筋混凝土亭、钢砼与木混合亭等。总之，可以任凭造园者的想象力和创造力，去丰富亭的造型，同时为园林增添美景。

1. 木瓦结构亭图例

▲ 木瓦结构矩形卷棚歇山顶亭

▲ 木瓦结构四方形半亭

▲ 木瓦结构六角攒尖顶亭　　　　▲ 木瓦结构六角重檐帽顶亭　　　　▲ 木瓦结构六角卷棚顶亭

▲ 木亭制作机械

▲ 各种规格木亭用料

▲ 木瓦结构矩形歇山顶亭

▲ 木瓦结构八角重檐攒尖顶亭

▲ 木瓦结构八角重檐攒尖顶亭

▲ 木瓦结构圆顶亭

▶ 石木瓦结构三重檐亭

2. 木草结构亭图例

▲ 木草结构四方亭

▲ 木草结构圆亭

▲ 木草结构重檐圆亭

▲ 木草结构矩形亭

▲ 木草结构长方亭

▲ 木草结构长方组合亭

3. 石材结构亭图例

▲ 石瓦结构四方亭

▲ 石材六角重檐攒尖顶亭

▲ 石材六柱重檐圆亭

▲ 石材六角攒尖顶亭

4. 竹材结构亭图例

▲ 竹材六角重檐攒尖顶亭

▲ 竹材六角攒尖顶亭

▲ 竹材八角重檐攒尖顶亭

▲ 竹材六角攒尖顶亭

5. 组合式亭图例

▲ 砖混结构四方形歇山顶廊亭　　▲ 砖木结构四方形重檐廊亭　　　▲ 木平台上四方形竹亭

▲ 组合式双重檐圆亭　　　　▲ 木瓦结构矩形歇山顶廊亭　　　▲ 木草结构四方形重檐廊亭

▲ 公路边木瓦结构组合亭

6.3.2 台

台是最古老的园林建筑形式之一，早期的台是一种高耸的夯土建筑，古代的宫殿多建于台之上。古典园林中的台，后来演变成厅堂前的露天平台，即月台。目前对台的定义，高而平的建筑叫作台，台上可以有建筑，也可以无建筑。规模较大、较高者则称为坛。

▶仿古戏台

▲仿古城门楼台

▲仿古钓鱼台

▲仿古楼前露天月台

6.3.3 楼

"楼者，重屋也"，是指两层以上的屋，上下都可以住人，故有"重层曰楼"之说。楼的位置大多位于厅堂之后，一般用作卧室、书房或用来观赏风景。由于楼高，也常常成为园中的一景，尤其在背山临水的情况下更是如此。

▲仿古五间楼

▲仿古景观楼

▲仿古楼顶青瓦白檐景观

▲仿古四层红楼

6.3.4　阁

阁是私家园林中最高的建筑物，是一种架空的小楼房，与楼近似，但较小巧。阁的平面为方形或多边形，一般有两层以上的屋顶，四面开窗，形体比楼更空透，通常四周设隔扇或栏杆回廊，供远眺、游憩、藏书和供佛之用。有时也特指女子的卧房。

▲ 仿古建阁　　　　　　　　　　　　　　　　　▲ 景观阁之夜景

6.3.5　榭

榭是台上的木结构建筑，其特点只有楹柱、花窗，没有墙壁。榭常在水边和花畔建造，藉以成景。榭多小巧玲珑、精致开敞，室内装饰简洁雅致，近可观鱼、赏花，远可极目眺望，是游览线中最佳的景点，也是构成景点最动人的建筑形式之一。

榭不但多设于水边，而且多设于水之南岸，视线向北而观景。建筑在南，水面在北，所见之景是向阳的；若反之，则水面反射阳光，很刺眼，而且对面之景是背阳的，也不好看。此外，榭在临水处多设坐凳、栏杆，游人在此倚栏赏景。坐凳与栏杆，合称美人靠、吴王靠，相传是吴越时吴王与美人西施游赏观景之物；后来这种美人靠栏杆多经诗词描述，更增其文化内涵。

▲ 竹材结构水榭　　　　　　　▲ 木柱青瓦顶石栏水榭　　　　　　▲ 木柱琉璃瓦顶石栏水榭

6.3.6　舫

舫为水边或水中的船形建筑，前后分作三段，前舱较高，中舱略低，后舱建二层楼房，供登高远眺。舫前端有平台与岸相连，模仿登船之跳板。由于舫不能动，故又称不系舟。舫在水边或水中，使

▲ 石木结构单层舫　　　　　　▲ 石木结构组合舫　　　　　　▲ 混凝土底座三层楼彩釉舫

人更接近于水，身临其中，让人有荡漾于水中之感，是园林中供人休息、赏景、饮宴之场所。

舫在我国园林艺术的意境创造中还具有特殊的意义：其一，舫为古代文人隐逸江湖的象征，表示园主隐逸江湖，再不问政治。其二，舫含有普度众生之意，如苏州狮子林之舫。其三，按唐朝魏征之说"水可载舟，亦可覆舟"，由于石舫永覆不了，故含有江山永固之意，如北京颐和园之石舫。

▲ 大型钢筋混凝土底座双楼舫

▲ 石材结构二层舫

▲ 石木结构二层舫

6.3.7 廊

廊为有覆盖的通道，原指屋檐下的部分，后演变成多种形式，如长廊、短廊、回廊、半壁廊、飞廊等。廊的特点狭长而通畅，弯曲而空透，用来连结景区和景点，是一种既"引"且"观"的建筑。廊狭长而通畅，能促人生发某种期待与寻求的情绪，以达到引人入胜之目的；弯曲而空透可观赏到千变万化的景色，可以步移景异。此外，廊柱、栏杆还具有框景的作用。

▦ 1. 廊的类型

（1）按照廊的横剖面分类，主要有四种形式，即单面空廊、双面空廊、双层廊和复廊（即中间为墙，墙的两边设廊，墙上开设漏窗，人行两边，通过漏窗可以看到隔墙之景）。

（2）按照廊的总体造型及与环境结合的情况分类，可把廊分成直廊、曲廊、回廊、爬山廊、叠落廊、水廊、桥廊等。

（3）按照廊的结构材料分类，则有木廊、竹廊、钢架廊、钢砼廊、钢砼木混合廊、铝合金廊、塑钢廊等。

▲ 木瓦结构彩釉亭廊

▲ 木瓦结构曲廊

▲ 木瓦结构彩釉曲廊

▲ 木柱瓦顶白墙单面空廊　　　　▲ 木瓦结构双面空廊　　　　▲ 木瓦结构复廊

2. 廊的作用

（1）作为交通联系的通道。
（2）提供一个休息、避雨、遮荫、赏景的场所。
（3）作为室内各处联系的过渡空间，增加建筑的空间层次。
（4）可用来划分空间、组织景区，又在廊墙之间形成局部小空间，打破墙面的闭塞与单调，使虚实相间，景色渗透，增加风景深度。

▲ 竹结构组合长廊　　　　　　　　　　▲ 木柱瓦顶石栏短廊

▲ 木柱草顶组合曲廊

6.3.8 桥

景观桥按结构分有梁式与拱式、单跨与多跨等；按建筑形式分有点式桥（汀步）、平桥、拱桥、曲桥、亭桥、廊桥等；按所用材料分有石桥、木桥、竹桥、钢砼桥、钢木桥、钢桥等。

景观桥的作用有以下几个方面：①跨越河道，联系交通，组织导游；②观赏桥的形态，作为园林景点；③分隔水面空间，使水面空间有层次；④人在桥上行，由于水面宽广，是游客取景之处。

1. 石 桥

▲ 无栏石板平桥

▲ 石栏石板平桥

▲ 无栏石板平桥

▲ 旱溪石板平桥

▲ 石栏石板微拱桥

▲ 石栏石板平曲桥

▲ 石栏石板平折桥

▲ 无栏双拱石平桥　　　　　　　▲ 石栏双拱石平桥　　　　　　　▲ 无栏单拱石桥

▲ 石栏行车石拱桥桥面　　　　　▲ 石栏单拱石桥　　　　　　　　▲ 石栏三拱桥

▲ 石栏单拱石桥　　　　　　　　　　　▲ 仿木钢筋混凝土栏单拱石桥

2. 木　桥

▲ 木结构平桥　　　　▲ 木结构曲桥　　　　▲ 木结构折桥　　　　▲ 无栏木板亲水曲桥

▲ 单边栏圆木段曲桥　　▲ 无栏木板台阶桥　　　▲ 木栏木板平桥　　　▲ 无栏方木段曲桥

▲ 单边栏木板平桥　　　　　▲ 木结构平折亭桥　　　　　▲ 无栏圆木段平桥

3. 竹　桥

▲ 竹结构亭桥　　　▲ 竹结构曲桥　　　▲ 竹结构拱桥　　　▲ 竹结构微拱桥

▲ 竹结构平桥　　　　　　▲ 竹结构平桥　　　　　　▲ 竹结构廊桥

4. 廊　桥

▲ 钢筋混凝土木瓦结构微拱廊桥　　　　　　▲ 石板木瓦结构廊桥

▲ 钢筋混凝土木瓦结构廊亭组合平桥　　▲ 块石浆砌桥墩木瓦结构单拱廊桥　　▲ 块石木瓦结构三拱石平桥

5. 亭 桥

▲块石木瓦结构三拱亭桥　　▲块石木瓦结构三拱亭桥　　▲杭州西湖木栏石板九曲亭桥　　▲钢筋混凝土木瓦结构彩色亭桥

▲块石木瓦结构单拱亭桥　　　▲石栏木瓦结构彩釉亭桥　　　▲石栏石板亭廊组合曲桥

6. 汀步桥

▲规整石材汀步桥　　　▲自然块石汀步桥　　　▲圆形石墩汀步桥

07 小品工程材料

XIAOPIN GONGCHENG CAILIAO

园林小品是指在园林中供游人休息、观赏、引导游览活动或为了园林管理而设置的小型园林设施。随着园林现代化建设水平的不断提高，园林小品的内容也越来越丰富，在园林中的地位也日益突出。

园林小品的作用主要表现在满足人们休息、游览、娱乐等活动要求，既具有使用功能、美化功能，又具有组织空间、引导游览路线等作用。

园林小品的内容很多，按照功能不同可分为休息类园林小品、服务性园林小品、管理类园林小品、装饰性园林小品以及成人健身器材、儿童游乐设施等。

7.1　休息类园林小品

休息类园林小品包括各种样式的花架、园桌、园椅、园凳及遮阳伞等。

7.1.1　花　架

（1）花架的作用

花架的作用一是供游人歇足休息，观赏风景；二是在园林布局中起划分和组织空间的作用；三是为爬蔓植物创造向上生长蔓延的空间。

（2）花架的类型

按垂直支撑分为立柱式、花墙式、复柱式等。

按平面形状分为圆形、长方形、弧形、转角形、复柱形等。

按花架上部结构受力分为简支式、悬臂式、拱门钢架式、组合单体花架等。

按组成的材料分为木花架、竹花架、钢筋混凝土花架、仿木预制成品花架、仿竹预制成品花架、砖石柱型钢梁花架、不锈钢花架等。

▲钢木结构花架

▲木结构花架

▲木结构花架

▲钢筋混凝土花架

◀▲木结构花架

▲ 钢木结构花架

▲ 钢结构花架

（3）花架的体量尺度

花架的高度（地面至梁架底部的垂直距离）控制在 230~280cm 范围内，使其具有亲切感。多立柱的开间，通常为 300~400cm。进深依照梁架下的功能特点而定，若作座椅休息为主，一般进深为 200~300cm；若作大流量的人行通道，则进深跨度为 300~400cm。

（4）花架的材料要求与做法

木花架的木料树种最好为杉木或柏木。

竹花架的立柱一般用 φ10cm 的竹竿，主梁用 φ7~10cm 的竹竿，次梁用 φ7cm 的竹竿。

竹立柱与竹梁的交接之处，可采用附加木杆连接。

木立柱与梁之间的连接，可采用扣合榫的结合方式。

木、竹立柱通常将下端涂刷防腐沥青后埋设在基础预留孔中。

木、竹花架的外表面，应该涂刷清漆或桐油，以增强其抗气候侵蚀的耐久性。

7.1.2 园桌、园椅、园凳

园桌是供游客就座休息时摆放饮料、食品等，通常为圆形、正方形或长方形。

园椅主要是供游客就座休息，因而要求园椅的剖面形状符合人体就座姿势，符合人体尺度，使人坐着感到舒服自然，不紧张。园椅的形式多样，有单人座椅、双人座椅、多人座椅、背靠式座椅以及多种成品座椅等，其适用程度由座面与靠背的组合角度以及椅子各部分的尺寸而决定。一般用于坐姿休息的椅子不需要很宽大，若供仰姿休息方式的则需要宽大长椅；身体接触部分的座面、靠背采用木制品会比较舒适一些。

▲ 木板围合式坐凳

▲ 铸铁桌与铸铁坐椅

▲ 铸铁桌与铸铁躺椅

▲ 铸铁桌与铸铁帆布躺椅

▲ 铸铁桌与铸铁帆布沙发

▲ 青石圆桌与坐凳

园凳也是供游客就座休息的，款式多样，长短不一（单人座凳、双人座凳、多人座凳等），但结构比较简单，无靠背，制作与安装都很方便。

（1）尺寸要求

园桌的桌面高度为 70~80cm；四人圆桌的直径为 75~80cm，四人方桌的宽度为 70~80cm。

园椅的座面高度为 35~45cm；座面倾斜角为 6°~7°；座面深度为 40~60cm；靠背与座面夹角为 98°~105°；座位宽度为 60~70cm/ 人；靠背高度为 35~65cm。

园凳的座面高度与园椅相同，通常为 35~45cm。

（2）形状要求

园桌、园椅、园凳的形状各种各样，大体分为自然式与规则式两种。自然式的园桌、坐凳，形状自然，可采用树桩或天然石块，给游人创造自然的效果，产生别样的情趣。规则式的园桌，形式多样：①由单纯直线构成的方形、长方形园桌；②由单纯曲线构成的圆形、环形园桌；③由直线和曲线组合构成的园桌；④仿生和模拟形园桌；⑤多边形和组合形园桌等。

（3）材料选择

选材要考虑表面光滑，容易清洁，导热性好等，并要因地制宜，就地取材，富于地方特色与民族风格。

桌椅材料通常分为人工材料和自然材料两大类。

人工材料：常采用铸铁、钢材、砖材、混凝土、陶瓷品、

▲ 混凝土与木条坐凳

▲ 花岗岩板坐凳

▲ 木结构躺椅

▲ 花岗岩板围合式坐凳

▲ 木板坐凳

塑胶品等。采用仿木混凝土材料，构思巧妙，工艺独特，真假难辨，别具一格。仿木护栏与仿天然石材的坐凳相结合，渗透着浓郁的乡村风情。

自然材料：主要采用木材、石材、竹材等。一段锯断的树桩，一块随意的天然石块，便能给游人带来意料之外的视觉收获；它们就像起居室中的小摆设，装点着整个园林环境。又如石板、石片、原木、木板、竹、藤、土堤椅等，材质亲和力强，可表现出园林环境的自然、朴实。

7.1.3 遮阳伞

目前园林常用的太阳伞主要为防紫外线太阳伞。

防紫外线太阳伞的面料，一般来说，厚的布料比薄的抗紫外线性能好一些，尼龙、丝等面料的防紫外线效果较差，而涤纶较好；此外，面料颜色越深防紫外线性能越好，以缎纹织物最佳，其次是斜纹、平纹。

防紫外线太阳伞的伞面分为有光泽和无光泽两种。有光泽伞面在市场上占主导地位，显得俏丽活泼；无光泽伞面的制作工艺相对复杂，价格也较贵，看起来不张扬，但给人一种含蓄、稳重的感觉。银胶防紫外线太阳伞使用一段时间后，由于风吹日晒银胶会部分剥落，尤其是与伞骨接触的部分更加明显，所以一般选择银胶涂在内面的为好。

▲ 中心直柱式四角形遮阳伞

防紫外线太阳伞的伞骨，常见的为直杆式和三折式；目前市场上又推出了四折伞，携带更为方便。太阳伞的生产成本中，伞骨所占比例较大，所以购买太阳伞时要注意伞骨的质量。

▲ 中心直柱式八角形遮阳伞

▲ 中心直柱式八角形遮阳伞

▲ 偏心直柱式八边形遮阳伞

7.2　服务性园林小品

服务性园林小品主要包括指示牌、宣传窗、地面音响、景观灯、饮水器、信报箱等。

7.2.1　指示牌

指示牌包括标志牌、指路牌、导游牌等，主要为游人提供导向服务。

指示牌的用材有木材、竹材、铸铁、塑钢、铝合金、不锈钢等，其中以铝合金、不锈钢较为常用。

▲ 生态园指示牌

▲ 游乐园导游牌　　▲ 自然风景区导游牌　　▲ 住宅小区楼号指示牌　　▲ 公园指示牌

各类标牌小品的施工要点是要定位准确、基础埋深满足要求、主体装配牢固，并要做好防锈处理。

▲ 森林公园指示牌　　▲ 公园停车场指示牌　　▲ 公园卫生间指示牌

7.2.2　宣传窗

宣传窗是在景区内为游人提供一些服务信息、景点介绍、科普宣传等。

宣传窗的外框与支柱主要采用木材、石材、砖块、钢筋混凝土、铸铁、塑钢、铝合金、不锈钢等，窗面常采用透明玻璃。

▲ 木材框架宣传窗　　▲ 方铁管框架宣传窗　　▲ 铝合金框架宣传窗

7.2.3 地面音响

地面音响是在景观园区内贴于地面安装的音响设备，通常沿着园路布设，让游人在游园时能听到美妙的音乐，也能播放有关游园通知和寻人启示等，以利于公园的日常管理。

地面音响的外罩，形式多样，能在园林景观中起到一定的点缀作用；常用材料有木材、石材、陶瓷、钢筋混凝土、铸铁、铝合金等。

▲ 塑石地面音响

▲ 陶瓷地面音响

▲ 石材地面音响

▲ 各种款式石材地面音响

7.2.4 景观灯

景观灯的主要功能是夜间照明，同时各式各样造型优美的灯具也对园林景观起到锦上添花的作用。

（1）景观灯的构造由灯座、灯杆及灯头三部分组成。

1）灯座：灯杆的下段连接园灯的基础，地下电缆穿过基础接至灯座接线盒后，再沿灯柱上升至灯头。设置单灯头时，灯座一般要预留 20cm×15cm 的接线盒位置。

2）灯杆：灯杆的上段可选择钢筋混凝土、铸铁管、钢管、不锈钢、玻璃钢等多种材料，中部穿行电线，外表有加工成各种线脚花纹的，也有上下不等截面的。

3）灯头：灯头集中表现园灯的面貌和光色，有单灯头、多灯头、规则式、自然式等多种多样的外形和各色各样的灯泡。选择时要讲究照明实效，防水防尘，灯头形式和灯色要符合总体设计要求。目前灯具厂生产有多种庭园柱子灯、草坪灯等，以供选择使用。自行设计的灯头要考虑到加工数量的限制和今后维修所需零件的配套问题。

▲ ▶ 各种款式庭园灯应用实例

一般柱状灯间距为 25~30m，草坪灯间距为 6~10m。园灯的控制要有全园统一的控制室，面积较大的园区要分片控制，路灯往往交叉分成 2~3 路控制。控制室可设在办公（工具）室，也可设在园门值班室，根据园林体制和要求选择使用。

（2）在园林中常见的景观灯有以下几种：

1）庭园灯：外形各异，高度 300cm 左右，广泛应用于庭园照明与装饰；亮度不高，且多为节能灯。

2）草坪灯：外形各异，高度常在 80cm 以下，用于草坪照明与装饰；亮度不高，且多为节能灯。

▲ 各种款式庭园灯

▲ 各种款式草坪灯

▲ 各种款式庭园灯应用实例

3）泛光灯：当参考之景或物的照明需求比其背景强出许多时，被设计用来照明某一景或物的光投射器。

4）埋地灯：埋于地面，用于装饰或指示照明，还有的用于照墙或是照树，其应用有相当大的灵活性，广泛用于商场、停车场、绿化带、公园旅游景点、住宅小区、城市雕塑、步行街道、大楼台阶等场所。埋地灯造型时尚，美观大方，而且具有防水、防尘、耐压和耐腐蚀等特点。

▲ 各种款式草坪灯应用实例

▲ 埋地灯应用实例

◀▶ 各种款式埋地灯

▲▶ 各种款式泛光灯

5）水下灯：布设于水面以下，用于装饰或指示照明，外形各异，广泛应用于水池、喷泉、溪流等水下位置，具有防水、耐压和耐腐蚀等特点。

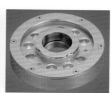

▲ 各种款式水下灯

▲ 水下灯应用实例　　　　　　▲ 水下灯安装实例

7.2.5　饮水器

饮水器是在公园内为游人提供清洁饮用水的设施。

饮水器的常用材料为不锈钢，其外形各异，在园林景观中也能起到点缀的作用。

饮水器定位要求准确，以方便游人使用；同时铺设水管时要注意协调各方面关系，正确处理好饮水设施与其它设施的关系，以确保水源的清洁卫生。

▲ 饮水器

7.2.6　信报箱

信报箱是设置在高档住宅小区、别墅区内，为住户提供信报递送服务的设施。

信报箱采用的材料主要有木材、铸铁、塑钢、铝合金、不锈钢、仿古青铜等。

▲ 住宅小区信报箱（铝合金）　　▲ 住宅小区信报箱（木材）

◀ 别墅区信报箱
（仿古青铜）

▶ 别墅区信报箱
（铸铁）

7.3　管理类园林小品

管理类园林小品包括各类园区的大门、票房、围墙、护栏、挡车石以及为保护环境而设的废物箱、垃圾桶、鸟舍等。

7.3.1　园　门

各类园区的大门是园林景观的重要组成部分，游客往往会在景区大门前停留观看、拍照留念，因而设计风格独特、美观大方的大门能给游人留下深刻的印象。

建造园区大门的用材，因风格不同，所采用的材料也不同，常用材料有木材、竹材、砖材、石材、钢筋混凝土、铸铁、铝合金、不锈钢、塑钢以及其它新型建筑材料等。

▶仿古建封闭式公园大门

▲仿古建牌坊式公园大门　　　　▲现代建筑风格开敞式园门

▲自然开敞式公园大门

▲欧式博物馆大门　　　▲简洁开敞式公园大门

▶现代建筑风格封闭式园门

7.3.2　票　房

在各类需要购票的景区的大门边，常建有售票房或售票亭。与园区大门一样，设计风格独特、美观大方的售票房或售票亭，也能给游客留下好的印象。

售票房或售票亭的建造材料，主要有木材、砖材、钢筋混凝土、塑钢、铝合金、不锈钢等。

◀木结构售票房　　　　▶仿古建砖瓦结构售票房

▲ 塑石结构售票房

▲ 欧式建筑售票房

▲ 钢木结构售票亭

▲ 塑钢结构售票亭

7.3.3　围　墙

围墙是一种低而长的空间隔断结构，用来围合、分割或保护某一区域。几乎所有的建筑材料（木材、竹材、石材、砖材、混凝土、金属材料、玻璃、高分子材料等）都可以成为建造围墙的材料。

（1）砖墙

砖的特点是块小、抗压强度远大于抗拉强度、抗扭强度和抗剪强度。中国标准黏土砖的尺寸为 240mm×115mm×53mm，这一尺寸使砖的长宽高之比为 4∶2∶1（包括 10mm 的灰缝宽度）。砖墙砌筑的主要标准是不能有上下"通缝"以保证砖墙的坚固，因此砖块的砌筑应遵循内外搭接、上下错缝的原则。为了保证错缝搭接的要求，在墙的转角处、门窗洞口或端部的第一块砖需要采用 3/4 砖，过去一般由泥水工用砌刀把整块砖敲掉 1/4，成为三四找砖，现在则多用电锯批量锯除。除了三四找砖外，还有一二找砖，即敲掉半块砖，用在半砖墙的端部。

▲ 仿古青砖围墙

▼▲ 砖砌白墙青瓦围墙

▲ 仿古青砖琉璃瓦围墙

▲ 仿古青砖雕花围墙

（2）新型围墙

1）彩钢板隔离墙：用彩钢板固定于栅栏之上，用于临时工地的隔离。这种围墙方便灵活，可多次使用，但造价高，防盗能力较弱。

2）新型砌块围墙：用新型的空心砌块砌筑的永久性围墙，建造方式同砖砌围墙相同，在整体性能方面如抗倒和安全性能上不如实心墙体，实际使用较少。

▲ 清水砖围墙

▲ 钢筋混凝土围墙

▲ 砖砌文化石贴面围墙

3）实心混凝土砖围墙：采用和黏土砖相同模数和砌筑方式砌筑的混凝土实心砖围墙，目前使用较多。

4）混凝土墙板围墙：采用大型混凝土墙板砌筑而成，速度快、强度高，板与板之间现浇立柱连接，抗倒性较强，目前正在推广之中。

▶ 花岗岩与铸铁管组合围墙

▲ 铝合金雕塑围墙　　▲ 青砖与铸铁管组合围墙　　▲ 造型钢板与卵石组合围墙　　▲ 铸铁管围栏

（3）栅栏式透空墙体

目前国家提倡的城市园林化浪潮，正潜移默化地改变着各种围墙的功能和外观，尤其是沿街面的围墙，已渐渐从实体墙向各种栅栏式透空墙体发展，所以各种新型栅栏材料正在兴起。

▲ 砖柱花岗岩贴面与铸铁干组合围墙

▶ 铸铁干栅栏

7.3.4　栏　杆

虽然栏杆在园林中是作为主体建筑的附属而存在的，但在园林组景中却经常出现，成为重要的装饰小品。园林栏杆多为独立设置，除具有维护功能之外，还可满足园林景观的需要，以其明快、简洁的造型，丰富园林景致。

园林栏杆分为透空和实体两大类。透空的由立杆、扶手组成，有的加设横档或花饰部件；实体的是由栏板、扶手构成，也有局部漏空的；栏杆还可做成坐凳或背靠式的。

园林栏杆的设计应考虑安全、适用、美观、经济、节省空间和施工方便等因素，具体要求如下：

▲ 塑钢护栏

▲ 庭院实木栏杆

▲▶ 毛竹栏杆

（1）以简洁为雅，切忌繁琐。造型的轻重、简繁、曲直、实透等均需与园林环境协调一致。

（2）要有合理、宜人的尺度，使游客倍感亲切。围护栏杆的高度60~90cm，靠背栏杆的高度90cm左右（其中座椅面高度为40~45cm），坐凳栏杆的高度40~45cm，镶边栏杆的高度20~40cm（用于花坛、草坪、树池等周边）。

▲ 江边木桩栏杆　　　　▲ 木桩与麻绳栏杆

（3）园林栏杆要坚固、耐用。栏杆最基本的功能是安全围护，如果栏杆本身不坚固，就失去了实用意义，而且还会增加隐患。在园林工程中常发生重美观、轻坚固的现象，结果造成人身安全事故。栏杆的立柱要保证有足够的深埋基础和坚实的地基，立柱的间距不可太大，通常在2~3m，需按材料确定。受力的栏杆应该有足够的强度，并要求衔接牢固。

▲ 地下车库通道花岗岩护栏

（4）园林栏杆材料的选择，宜就地取材，以表现不同风格特色。木材、竹材、石材、钢筋混凝土、各种金属材料、有机玻璃、塑料及其它新型材料，皆可选用。

▲ 石拱桥石材栏杆　　　　▲ 江边石材与铁链栏杆　　　　▲ 亲水平台木质栏杆

▲ 仿木钢筋混凝土栏杆

▲ 方铁管栏杆　　　　　　▲ 塑钢栏杆　　　　　　▲ 不锈钢护栏

7.3.5　石质车挡

　　为了保障游客的安全，在园区内外的某些园路是禁止机动车辆进入的，因而常在园路中央设置一个或多个车挡石。

　　车挡石常采用坚硬、沉重的花岗岩或其它石材，形状以圆球形为主，也有圆柱形、束腰圆柱形、腰鼓形等。

▲ 扁腰鼓形车挡石　　　　▲ 长腰鼓形车挡石　　　　▲ 圆球形车挡石（5个）

▲ 圆球形车挡石（2个）　　▲ 圆柱束腰形车挡石（2个）　　▲ 圆球形车挡石（4个）

7.3.6　垃圾桶

　　垃圾桶是每个园区必备的卫生管理设施，常放置于园路旁，以便于游人弃放废物，保障园区的清洁卫生。

　　垃圾桶的用材多种多样，常用的有木材、塑料、铸铁、铁皮、铝合金、不锈钢等。
　　垃圾桶的外形也是各式各样，景区内形态优美、色彩鲜艳的垃圾桶也能对景观起到一定的点缀作用。

▲ 铸铁与木结构垃圾桶　　▲ 铸铁垃圾桶　　▲ 铁皮与木结构垃圾桶　　▲ 铝合金与木结构垃圾桶　　▲ 塑料垃圾桶

7.4 装饰性园林小品

园林装饰性小品是指在园林景观中起装饰或点缀作用的景窗、景墙、雕塑、景观柱、花坛、花钵以及仿古水车、仿古磨石、西洋风车、水井、红灯笼等。

7.4.1 景窗、景墙

景窗又名花窗，是窗洞内有镂空图案的窗。窗洞形式多样，花纹图案多用瓦片、薄砖、木材、竹材等制作，有套方、曲尺、回文、万字、冰纹等。清代更以铁片、铁丝做骨架，用灰塑创造出人物、花鸟、山水等漂亮图案，仅苏州一地，花样就有千种以上。漏窗高度一般在 1.5m 左右，与人眼视线相平。透过漏窗可隐约看到窗外景物，取得似隔非隔的效果。

景墙在园林景观中起到分隔景点、障景、展示景园主题及其它装饰作用。建筑景墙的材料很多，主要有木材、石材、仿古建青砖青瓦、新型砖材、钢筋混凝土、金属材料、玻璃、高分子材料等。

▲ 仿古建白墙青瓦景墙与书法

▲ 花岗岩雕刻景墙与叠石组合景观

▲ 仿古建白墙青瓦景墙与景窗

▲ 花岗岩拼图景墙

▲ 花岗岩贴面景墙

▲ 花岗岩铸铁组合围墙

▲ 花岗岩雕刻景墙与花坛组合景观

▲ 冰裂纹景墙与跌水组合景观

▲ 白墙嵌挂植物景墙

▲ 钢材竹竿酒坛组合景墙

▲ 砖砌拼花景墙   ▲ 木格花窗

▲ 砖砌长六方景窗

▲ 青砖青瓦组合景窗

▲ 砖砌六角形景窗

▲ 青砖雕花组合景窗

7.4.2   雕   塑

    雕塑为园林景观中常见的装饰性小品，其表现形式、功能、所用材料和外观造型多种多样。

    雕塑要求具有美化装饰性、艺术性和思想性，其艺术感染力不仅要有一般的美感作用，而且要以其强烈的思想性感染人们。

▓▓▓ 1. 雕塑的种类

    （1）按雕塑表现形式分为：

    1）圆雕——指不附着在任何背景上、适用于多角度欣赏、完全立体的雕塑，包括头像、半身像、全身像、群像、动物的造像以及各类立体的抽象雕塑等。

    2）浮雕——指在平面上雕出形象浮凸的雕塑。依照表面突出的厚度不同，分为高浮雕、浅浮雕（薄肉雕）、比例压缩浮雕等。

    （2）按雕塑艺术形式分为：

    1）具象雕塑——具有显而易见的、明确的外形轮廓或构成的雕塑，包括人物、动物、器物、植物的造型等。

    2）抽象雕塑——彻底抛弃客观世界的具体形象和生活内容，以抽象的线条、色彩和几何形体作为表现形式。

    （3）按雕塑的性质和功能可分为：主题性雕塑、功能性雕塑、纪念性雕塑、装饰性雕塑等。

    （4）按雕塑所用材料可分为：木雕、石雕、瓷雕、水泥雕、陶塑、泥塑、金属雕塑（如青铜、铸铁、不锈钢等）、玻璃钢雕塑以及各种植物雕塑等。

2. 雕塑的材料

（1）雕塑的选材要考虑与周围环境的关系：①要注意相互协调；②要注意对比效果；③要因地制宜，创造性地选择材料，以取得良好的艺术效果。

（2）室外雕塑的材料一般分为五大类：

1）天然石材：石材质感自然，能给人以崇高与美的自然享受，且能长期保存，是雕塑的主要用材。雕塑常用石材为花岗岩、砂岩、大理石、青石等。

花岗岩由石英、长石和云母三种矿物组成，因而它具有很好的色泽，而且耐候性好，使用年限长，故自古以来备受青睐。

砂岩也是可以用于室外雕塑的一种天然石料，但它的风化能力差别较大，含硅质砂岩的耐久性强，可用于雕刻。

大理石质地华美，颜色丰富多样，也是雕塑的重要材料，但有些大理石极易受雨水侵蚀而风化剥落，因而不能用于室外。

▲ 天然石材雕塑

2）金属材料：传统金属雕塑材料是铸铁、铸铜；现代金属材料的种类有了很大的发展，包括不锈钢、铝合金、涂色钢、涂色铅等。

青铜是一种合金，在古代是铜锡合金，而现代青铜为铜铝合金。青铜具有优良的铸造性、很高的抗磨性和化学稳定性，故可塑造具有极强动势或者需表现精确清晰的完美细节的雕塑作品。其表面经不同化学处理后，可得到色泽各不相同的丰富的质感和独特的表现力，从而使其具有永久性和纪念碑性的质感。

不锈钢也是雕塑中应用广泛的一种材料，易于造型，其光亮的表面质感与晶莹剔透的水体相组合，能很好地体现出整体造型的协调与现代时尚，尤其适合于现代城市的水景营建。不锈钢材料又可分为着色与不着色两大类。

3）钢筋混凝土：可浇铸成永久性的雕塑，但其表面吸湿性极强，易被大气中的尘埃污染，故材质感稍差，色泽暗淡，无大理石和青铜雕塑那样引人注目的光彩。其只宜远看，以其质朴粗犷的庞大体积和生动影像取得一定的艺术效果，或与其它材料（如金属、镜面等）形成强烈的质感对比效果。用白水泥可制作具有一定石雕材质效果的仿石雕品，是一种较经济的石材代用品。

▲ 钢筋混凝土雕塑

4）陶瓷材料：是指用陶土或瓷土经高温焙烧而成的硬质材料。因胚体在高温瓷化过程中变软、收缩，故在造型上有特殊要求，形体相对均衡，重心点须在支撑面内，负荷部位要有一定的体量。由于陶瓷材料具有质硬、性脆、易碎的特点，工艺要求与之适应，造型不宜过于琐碎。

5）高分子材料：以环氧树脂作为胶料，并铺盖增强材料形成一种强度较高、形体稳定的物质，也称为玻璃钢。其特点是材质轻而坚硬，赋予现代感和装饰性，成型快速方便，可制作构图动势大而支撑面小的雕塑品。又因树脂无色透明，可制出透明度很高的玻璃体或添加各种色浆，可获得表面饱和度很高的各种鲜艳色彩的雕塑品。

玻璃钢雕塑制品的表面可以仿金属效果、青铜效果、石料效果等。在仿青铜效果时，是在胶料中加入矿物颜料，或是采取非金属优化镀铜工艺进行表面处理。

6）其它材料：现代城市公共艺术多元化的发展趋势，决定了作为载体之一的雕塑材料的广泛扩展，众多的设计家开始寻找和发掘各种原始材料或新科技成果带来的现代化材料，使其直接成为造型要素，如镜面、玻璃、马赛克等，大大丰富了雕塑的艺术表现形式。

▶ 高分子材料雕塑

3. 雕塑的安装

雕塑安装要注意定位准确与基础埋深，雕塑与基座的连接要牢固。雕塑的基座有露出地面和不露出地面两种形式，对于露出地面的基座要注意装饰。

▲ 各种材料的圆雕　　　　　　　　　　　▲ 花岗岩圆雕——狮子

▲ 花岗岩圆雕——大象　　　　　　▲ 各种款式天然石材雕塑

▲花岗岩圆雕——孔雀开屏　　▲花岗岩圆雕——四喜齐来　　▲花岗岩圆雕——太极图　　▲青石浮雕

▲花岗岩圆雕——人物　　　　▲花岗岩浮雕　　　　　　▲不锈钢雕塑

▲不锈钢雕塑　　　　　　▲铸铁雕塑　　　　　▲钢铁雕塑　　　　▲不锈钢雕塑

▲铸铁雕塑　　　　　　　▲镀金雕塑　　　　　　　　▲仿青铜雕塑

▲仿青铜雕塑　　　　　　▲仿青铜雕塑　　　　　▲不锈钢雕塑

◀▲ 草本植物饰面雕塑

7.4.3　景观柱

景观柱为雕塑的一种特殊形式，常见形态有圆柱形、方柱形、多边柱形及其它特殊的造型。

景观柱主要采用石材雕刻，也有用木材雕刻、砖砌、砖砌花岗岩贴面、混凝土花岗岩贴面、金属材料造型以及柱形木化石等。

▲ 青石景观柱　　　　　▲ 仿古木雕景观柱　　　　　▲ 花岗岩景观柱　　　　　▲ 花岗岩贴面景观柱

7.4.4　花坛、花钵、种植池

花坛、花钵的材料多样，有木材、砖材、石材、陶瓷、混凝土、仿石材混凝土、钢筋混凝土、铸铁、不锈钢、FRP、GRC 等。

花坛的高度因植物大小而异，一般种植草花类在 20cm 以上、灌木类在 40cm 以上、小乔木类在 45cm 以上、中等乔木类在 50cm 以上。花钵的体量较小，一般适合于种植草本花卉或小灌木类木本植物。

此外，花坛的基础埋深要在冻土层以下，花坛内栽植土的厚度和土质要能保证植物的成活，其外饰面要与周围环境主题相协调。

▶ 别墅入口石柱花钵装饰

▲ 茶杯形花岗岩花钵

▲ 住宅区门口花岗岩花钵装饰

▲ 花岗岩石柱与花钵组合

▲ 鼎形花岗岩花钵

▲ 碗形花岗岩花钵

▲ 花岗岩贴面方形花钵

▲ 陶瓷花钵

▲ 木材花钵

▲ 酒杯形花岗岩花钵

在有些园路的中间或两边布设种植池，在池内种植乔木（夏日能为行人遮阳庇荫）或种植花灌木，以丰富园林景观效果。种植池一般设计成圆形、正方形、六角形、八角形等，内径80~120cm。种植池周围材料常用花岗岩、青石、卵石、预制水泥块、各种砖材以及圆木桩等。

▶ 方形高脚种植池

▲ 圆形高脚种植池

▲ 圆形低脚种植池

▲ 圆形平地种植池

7.4.5　其它装饰性小品

▲ 西洋风车

▲ 仿古水井

▲ 仿古水车

▲ 仿古石磨

▲ 红灯笼与水车

▲ 仿古建楼挂红灯笼与玉米

▲ 24 节气图解

7.5 健身游乐设施

健身游乐设施是指安装于公园、风景区、住宅小区内供成人锻炼身体和儿童玩乐的器材。

7.5.1 成人健身器材

成人健身器材的种类很多，常用的有单杠、双杠、脚蹬板、手转轮、拉力器等。健身器材所用的材料主要是铸铁、钢管、木材、橡胶、塑料等。

▲ 各种类型健身器材

7.5.2 儿童游乐设施

儿童游乐设施的种类也很多，下面主要介绍滑滑梯、沙坑、秋千的构造与用材。

1. 滑滑梯

滑滑梯为儿童体育活动器械的一种，是在高架子的一面装上梯子，另一面装上斜形的滑板。儿童从梯子爬上去，然后从斜板滑下来。

滑滑梯属于综合型运动器械，常见于幼儿园和儿童游乐场中，一般适宜于3~6岁的儿童。

小孩子玩滑滑梯需要坚定的意志和信心，可以培养他们的勇敢精神。当小孩子从上而下"嗖"地滑下来时，能享受到成功的喜悦。

▲ 各种款式滑滑梯

（1）滑滑梯的分类

按使用场地分为室内滑滑梯和室外滑滑梯；按大小分为大型滑滑梯和小型滑滑梯；按层次分为单滑和双滑；按形状分为直滑、斜滑、波浪滑、小S、大S、三节筒等。

（2）滑滑梯的材料

钢件类部件——立柱采用镀锌钢管，经喷沙除锈、抛砂，表面用塑粉经双层喷涂处理，180℃高温固化，抗紫外线。

顶子、挡板及滑梯——采用进口工程塑料，渗入抗紫外线剂、防静电剂及防脱色原素，强度大，表面光滑，弹性好，安全环保，耐候性好，不褪色。

木制部件——采用优质进口桉木，木质坚硬，干燥性能好，耐水性强，不易磨损，不易开裂，不易变形。

绳网类部件——采用航海船用缆绳，经久耐用，安全可靠。

2. 沙　坑

沙坑设计要点有如下几个方面：

（1）沙坑是儿童游乐场中必不可少的设施，一般小型沙坑面积约为 8m²，可同时容纳 4~5 个孩子玩耍。

（2）坑中配置经过冲洗的精制细沙，标准的坑深为 40~45cm。

（3）沙坑四周竖砌 10~15cm 高的路缘石，以防止沙土流失或雨水灌入。路缘石以混凝土、花岗石等制成，为提高安全性可采用木制或橡胶材质。坑内应设暗沟排水，以免雨日积水。

（4）沙坑应设在阳光充足处，以利于沙的干燥及利用阳光消毒。

3. 秋　千

秋千是儿童游乐场常见的活动设施，是将两根长绳系在架子上，下挂蹬板。荡秋千时，人坐在蹬板上，随着蹬板在空中来回摆动，既舒适惬意，又带有一定的刺激性。

秋千是我国古代北方少数民族创造的一种运动。春秋时期传入中原地区，因其设备简单，容易学习，故而深受人们的喜爱，很快在各地流行起来。汉代以后，秋千逐渐成为清明、端午等节日进行的民间体育活动并流传至今。

▲ 钢索秋千

秋千运动不仅是一项精彩的竞赛运动，更能够锻炼人的意志，培养勇敢拼搏精神，同时它对人体生理机能的健康发展也是十分有益的。因而秋千这种有着几千年历史的民俗活动，至今仍保持着旺盛的生命力。它活跃了人们的生活，也为民俗工作者提供了蕴涵丰富内容的标本。

▲ 钢管架椅秋千　　　　　▲ 木架木椅秋千　　　　　▲ 铸铁架椅秋千

4. 其它游乐器材

▲ 铁索桥

▶ 钢管半球网

08 装饰工程材料

ZHUANGSHI GONGCHENG CAILIAO

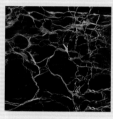 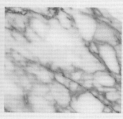 

在园林景观装饰工程中,从立面到平面,从所采用的材料到表现的对象,其形式与内容都很丰富。例如地面的铺设材料从柔软翠绿的芳草地(即软性材料)到坚实沉稳的砖、石、混凝土、沥青等(即硬性材料),两者各有千秋。硬性材料成本较高,但是维护费用较低;软性材料成本较低,但在天气状况不佳和使用频率较高的情况下,维护费用比硬性材料则要高一些。

目前园林景观装饰工程常用的硬质装饰材料有石材、木材、竹材、瓦材、装饰砖、玻璃、油漆、涂料以及人造新型材料等,不同的材料有不同的质感和风格。

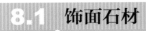

8.1 饰面石材

石材是一种常用的建筑装饰材料，而多数人对石材的特性与种类不甚了解。目前市场上常见的石材主要有大理石、花岗岩、板岩、砂岩、石灰石、石英石、微晶石、合成石等。其中大理石中又以汉白玉为上品；花岗岩比大理石坚硬；板岩是具板状构造的岩石；微晶石是天然无机材料，是运用高新技术经过两次高温烧结而成的装饰材料；合成石是以天然石的碎石为骨料，加上黏合剂等经加压、抛光而成。

8.1.1 石材的特性

（1）耐火性

各种石材的耐火性不同，有些石材在高温作用下，易发生化学分解。

1）石膏：在大于 107℃时分解。

2）大理石：在大于 910℃时分解。

3）花岗石：在 600℃时因组成矿物受热不均而裂开。

（2）膨胀与收缩性

石材也具有热胀冷缩性，但若受热后再冷却，其收缩不能回复至原来体积，而保留一部分成为永久性膨胀。

（3）抗冻性

石材在零下 20℃时发生冻结，孔隙内水分膨胀比原有体积大 1/10。岩石若不能抵抗此种膨胀所发生之力，便会出现破坏现象。一般若吸水率小于 0.5%，就不考虑其抗冻性能。

（4）抗压强度

石材的抗压强度因矿物成分、结晶粗细、胶结物质的均匀性、荷重面积、荷重作用与解理所成角度等因素而有所不同。若其它条件相同，通常结晶颗粒细小而彼此黏结在一起的致密材料具有较高强度。致密的火山岩在干燥与饱和水分时，其抗压强度并无差异（吸水率极低）。若属多孔性及怕水之胶结岩石，其干燥与潮湿的强度就有显著差别。

8.1.2 石材的分类

（1）按照成因分为天然石材和人造石材。

（2）按照生成条件分为大理石、花岗岩、砂岩、页岩、石灰岩等。

（3）按色泽纹理命名的有黄木纹、锈板、芝麻白、蓝钻等。

（4）按产地色泽命名的有中国红、江西米黄、莆田锈、济南青等。

（5）按表面加工方式分为自然面、毛面、光面、抛光面、火烧面、麻面、蜂包面、蘑菇面、荔枝面、鸡啄米面、斧剁面、拉丝面和机打面等。

（6）其它形式的石材：如卵石、块石和各种人造石材制品等。

8.1.3 天然石材

天然石材是指从天然岩体中开采出来的，经加工成块状或板状的材料的总称。天然石材因其自然、坚固的特性，被广泛应用于墙体、柱身、花坛的围合以及道路、广场的铺装上。

1. 大理石

大理石泛指大理岩、石灰岩、白云岩以及碳酸盐岩，主要成分是碳酸钙，是地壳中原有的岩石经过地壳内高温高压作用而形成的变质岩。

（1）大理石的特性及优缺点

1）硬度高，不变形，抗腐蚀，耐高温，耐磨性强，防锈，防磁，绝缘，免维护。

2）物理性稳定，结构致密，受撞击晶粒脱落，表面不起毛，不影响其平面精度；线膨胀系数小，机械精度高。

3）大理石花色多样，通常有明显的不规则花纹，矿物颗粒很多。

4）相对于花岗石而言，大理石的质地较脆，加工、搬运、施工时易破损。

5）大理石一般含有杂质，且碳酸钙在大气中易风化与溶蚀而使表面失去光泽，所以除少数质纯品种（如汉白玉等）适用于室外环境，其余多用于室内装饰。

（2）大理石的资源状况

我国大理石矿产资源极其丰富，储量大，品种多，总储量居世界前列。据不完全统计，国产大理石有400余种，目前常用的有如下几大系列。

1）常见灰白色系列：

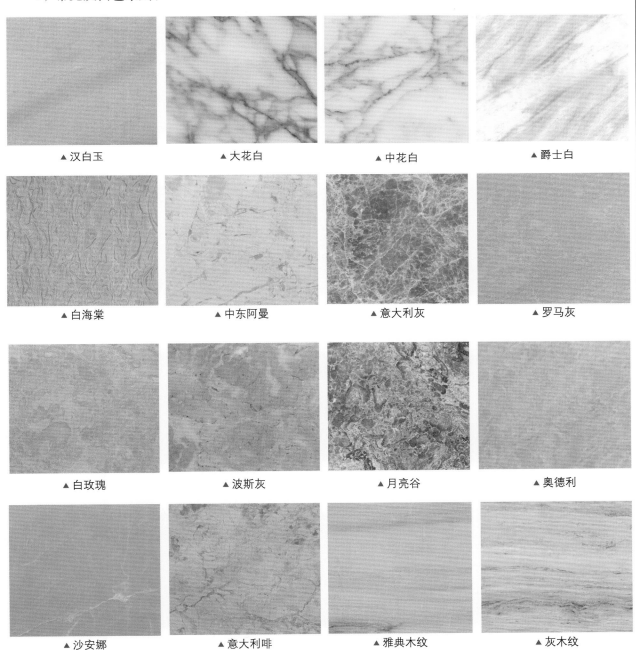

▲ 汉白玉　　　　▲ 大花白　　　　▲ 中花白　　　　▲ 爵士白

▲ 白海棠　　　　▲ 中东阿曼　　　　▲ 意大利灰　　　　▲ 罗马灰

▲ 白玫瑰　　　　▲ 波斯灰　　　　▲ 月亮谷　　　　▲ 奥德利

▲ 沙安娜　　　　▲ 意大利啡　　　　▲ 雅典木纹　　　　▲ 灰木纹

2）常见灰黑色系列：

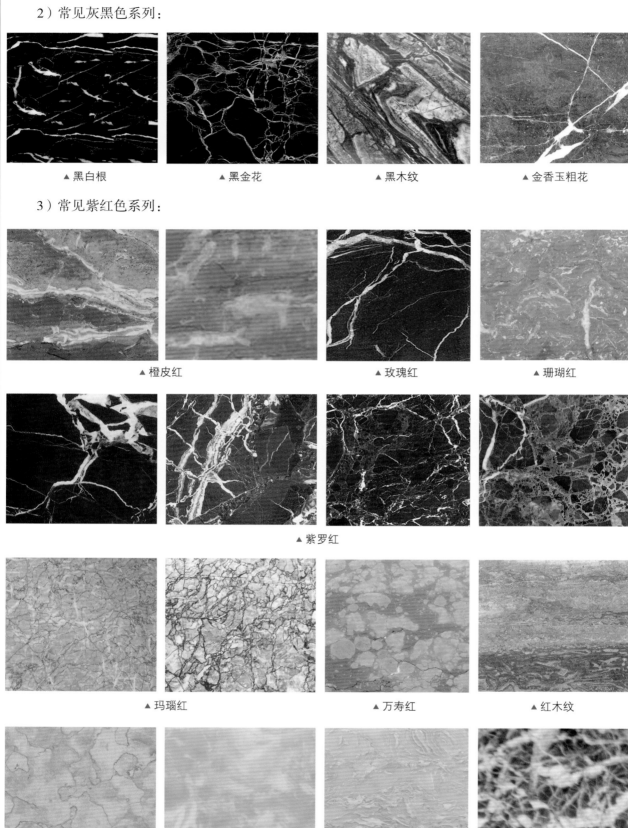

▲ 黑白根　　　　▲ 黑金花　　　　▲ 黑木纹　　　　▲ 金香玉粗花

3）常见紫红色系列：

▲ 橙皮红　　　　▲ 玫瑰红　　　　▲ 珊瑚红

▲ 紫罗红

▲ 玛瑙红　　　　▲ 万寿红　　　　▲ 红木纹

▲ 粉玫瑰　　　　▲ 桔子玉　　　　▲ 红袍玉　　　　▲ 杜鹃红

4）常见浅红色系列：

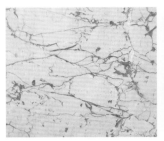 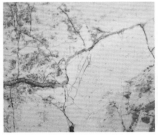  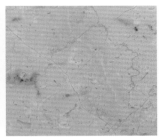

▲ 土耳其玫瑰　　　　　　　　　▲ 红金米黄　　　　　▲ 蒙特尔

5）常见咖啡色系列：

▲ 深啡网　　　　　　　　　▲ 金网花

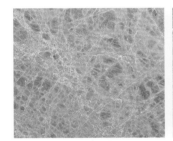   

▲ 浅啡网

6）常见棕褐色系列：

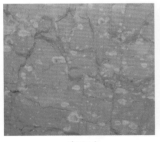 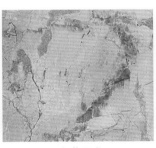  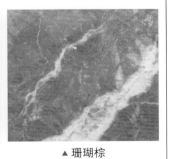

▲ 帝王金　　　　　▲ 金黄天龙　　　　　▲ 雨林棕　　　　　▲ 珊瑚棕

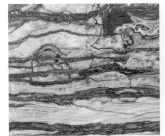 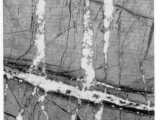  

▲ 古龙玉　　　　　▲ 热带雨林　　　　　▲ 金摩卡　　　　　▲ 阿波罗

7）常见米黄色系列：

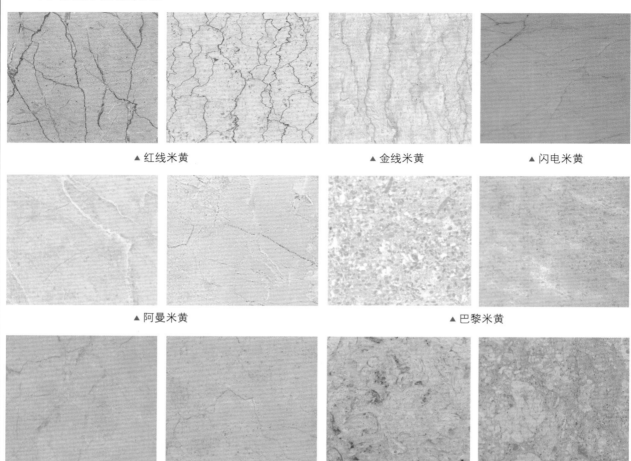

▲ 红线米黄   ▲ 金线米黄   ▲ 闪电米黄

▲ 阿曼米黄   ▲ 巴黎米黄

▲ 西班牙米黄   ▲ 老斯米黄   ▲ 卡斯特

8）常见绿色系列：

▲ 大花绿

▲ 青玉

（3）大理石的评价方法

1）仪器检测：大理石板材的定级、鉴别主要是通过仪器和量具进行检测的。根据规格尺寸允许的偏差、平面度和角度允许的公差，以及外观质量、表面光洁度等指标，大理石板材分为优等品、一等品和合格品三个等级。

2）检查外观质量：不同等级的大理石板材的外观有所不同。因为大理石是天然形成的，缺陷在所难免；同时加工设备和量具的优劣也是造成板材缺陷的原因。有的板材的板体不丰满（翘曲或凹陷），板体有缺陷（裂纹、砂眼、色斑等），板体规格不一（如缺棱角、板体不正）等。按照国家标准，各等级的大理石板材都允许有一定的缺陷，只不过优等品不那么明显罢了。

3）挑选花纹色调：大理石板材色彩斑斓，色调多样，花纹无一相同，这正是大理石板材名贵的魅力所在。色调基本一致、色差较小、花纹美观是优良品种的具体表现，否则会影响装饰效果。

4）检测表面光泽度：大理石板材表面光泽度的高低会极大影响装饰效果。一般来说，优质大理石板材的抛光面应具有镜面一样的光泽，能清晰地映出景物。但不同品质的大理石由于化学成分不同，即使是同等级的产品，其光泽度的差异也会很大。当然，同一材质不同等级之间的板材表面光泽度也会有一定差异。此外，大理石板材的强度、吸水率也是评价大理石质量的重要指标。

（4）大理石的用途

大理石的质感柔和，美观庄重，格调高雅，花色繁多，是装饰豪华建筑的理想材料，也是艺术雕刻的传统材料。特别是在近十几年来大理石的大规模开采、工业化加工、国际性贸易，使大理石装饰板材大批量地进入建筑装饰业，不仅用于豪华的公共建筑物，也进入了家庭的装饰。大理石还大量用于制造精美的用具（如家具、灯具、烟具及艺术雕刻等），有些大理石（包括石灰岩、白云岩、大理岩等）还可以作耐碱材料。在大理石开采、加工过程中产生的碎石、边角余料，可用于人造石、水磨石、石米、石粉的生产，还可作为涂料、塑料、橡胶等行业的填料。

（5）大理石的保养

大理石容易污染，应定期以微湿带有温和洗涤剂的布擦拭，有污迹的地方可用柠檬汁或醋清洁污痕，然后用清洁的软布抹干和擦亮。磨损严重的大理石较难处理，可用钢丝绒擦拭，然后用电动磨光机磨光，使它恢复光泽。对于轻微擦伤，可用专门的大理石清洁剂和护理剂。

2. 花岗岩

花岗岩是一种火山爆发的熔岩且受到相当大的压力在熔融状态下隆起至地壳表层之构造岩。普通花岗岩由石英、长石、云母等组成，其颜色光泽取决于长石、云母及有色矿物的比例，常见的有黑色、红色、褐色、灰白色等。

（1）花岗岩的特性

花岗岩是一种分布十分广泛的岩石，各个地质时代都有形成。花岗岩结构均匀，质地坚硬，颜色美观，为优质的建筑石料。其抗压强度根据石材的品种和产地的不同而异，每立方米约为 2000~3000 千克。花岗岩不易风化，颜色美观，外观色泽可保持百年以上。由于其硬度高、耐磨损，除用作高级建筑装饰工程之外，还是露天雕塑的首选之材。

（2）花岗岩的资源状况

我国花岗岩的资源十分丰富，花岗岩岩体约占国土面积的 9%，达 80 多万平方千米。尤其是东南地区，大面积裸露各类花岗岩体，可见其储量之大。据不完全统计，花岗岩约有 300 多种，其中花色较好的品种列举如下。

1）常见黑色系列：

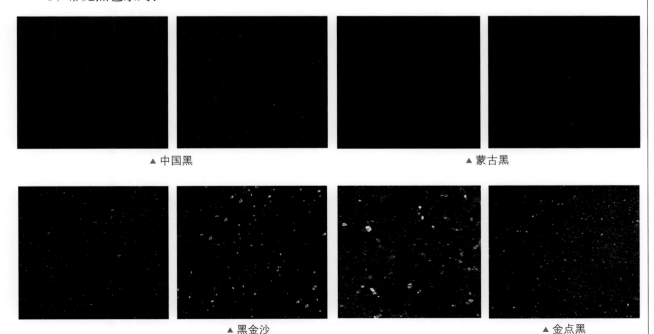

▲ 中国黑　　　　　　　　　　　　　　　　　　　▲ 蒙古黑

▲ 黑金沙　　　　　　　　　　　　　　　　　　　▲ 金点黑

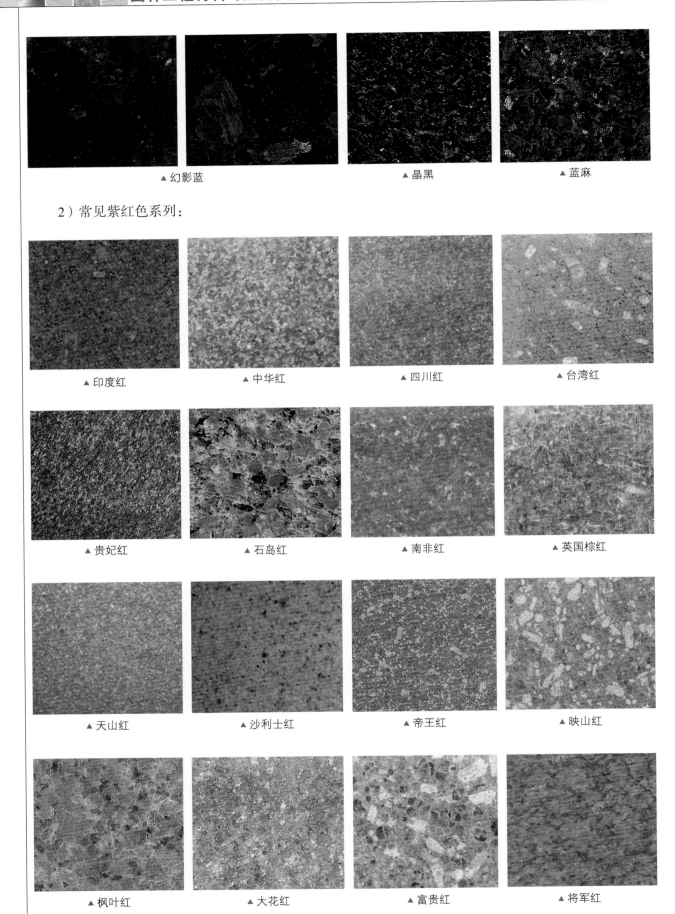

▲ 幻影蓝　　　　　　　　　　▲ 晶黑　　　　　　▲ 蓝麻

2）常见紫红色系列：

▲ 印度红　　　　▲ 中华红　　　　▲ 四川红　　　　▲ 台湾红

▲ 贵妃红　　　　▲ 石岛红　　　　▲ 南非红　　　　▲ 英国棕红

▲ 天山红　　　　▲ 沙利士红　　　　▲ 帝王红　　　　▲ 映山红

▲ 枫叶红　　　　▲ 大花红　　　　▲ 富贵红　　　　▲ 将军红

3）常见浅红色系列：

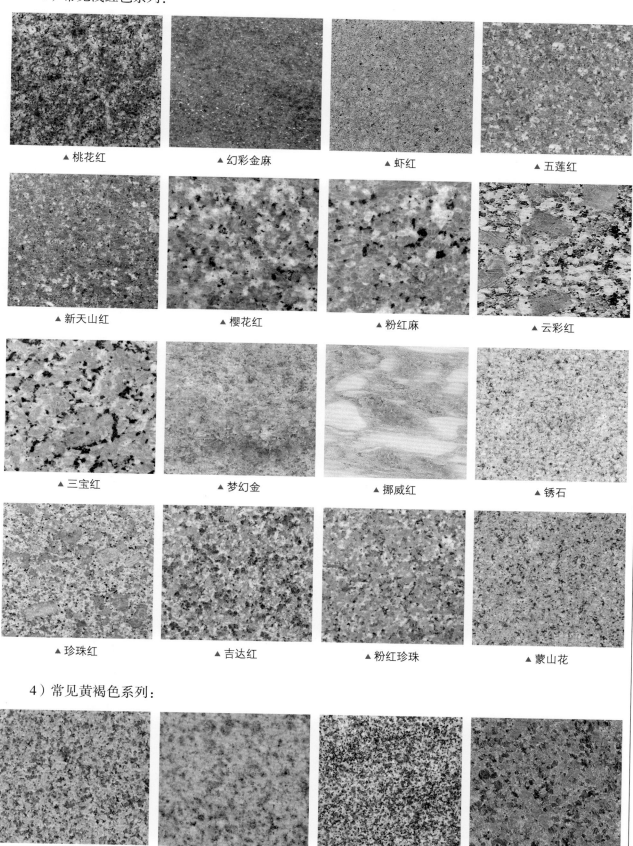

▲ 桃花红　　　　▲ 幻彩金麻　　　　▲ 虾红　　　　▲ 五莲红

▲ 新天山红　　　　▲ 樱花红　　　　▲ 粉红麻　　　　▲ 云彩红

▲ 三宝红　　　　▲ 梦幻金　　　　▲ 挪威红　　　　▲ 锈石

▲ 珍珠红　　　　▲ 吉达红　　　　▲ 粉红珍珠　　　　▲ 蒙山花

4）常见黄褐色系列：

▲ 莆田锈　　　　▲ 黄锈石　　　　▲ 黄金麻　　　　▲ 红麻

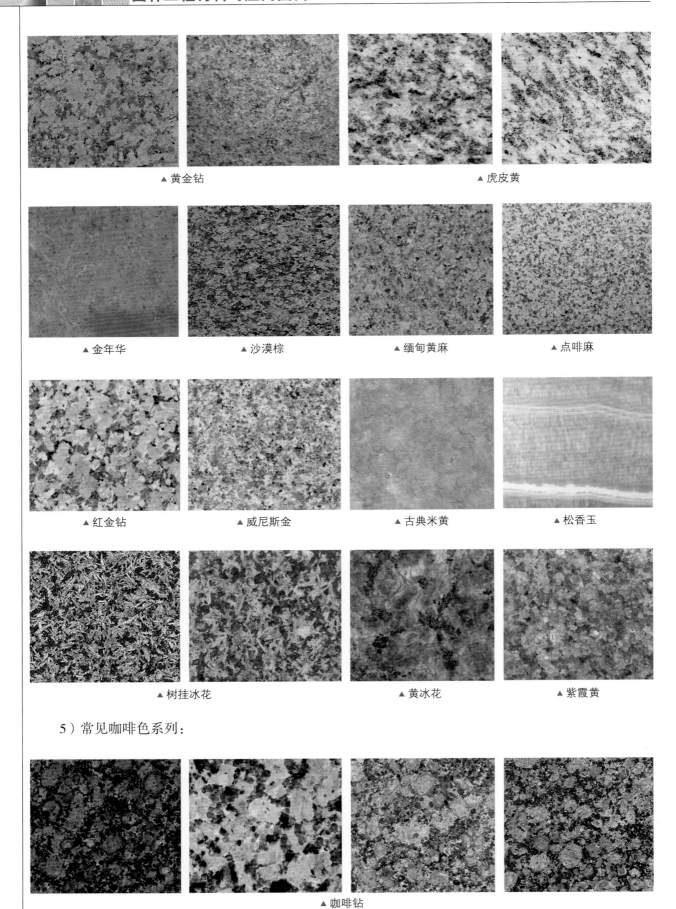

▲ 黄金钻　　　　　　　　　　　　　　　　　▲ 虎皮黄

▲ 金年华　　　　　▲ 沙漠棕　　　　　▲ 缅甸黄麻　　　　　▲ 点啡麻

▲ 红金钻　　　　　▲ 威尼斯金　　　　　▲ 古典米黄　　　　　▲ 松香玉

▲ 树挂冰花　　　　　　　　　　　▲ 黄冰花　　　　　▲ 紫霞黄

5）常见咖啡色系列：

▲ 咖啡钻

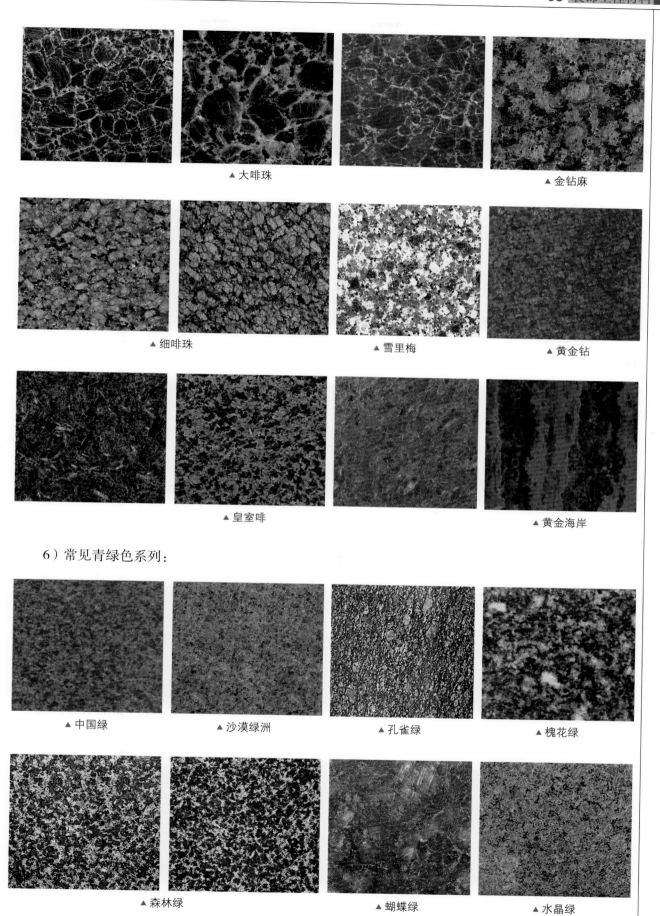

▲ 大啡珠　　　　　　　　　　　　　　　　　　　　　　　　　　　▲ 金钻麻

▲ 细啡珠　　　　　　　　　　　　　　▲ 雪里梅　　　　　　　　　　　▲ 黄金钻

▲ 皇室啡　　　　　　　　　　　　　　　　　　　　　　　　　　　▲ 黄金海岸

6）常见青绿色系列：

▲ 中国绿　　　　　　　▲ 沙漠绿洲　　　　　　　▲ 孔雀绿　　　　　　　▲ 槐花绿

▲ 森林绿　　　　　　　　　　　　　　　　　　▲ 蝴蝶绿　　　　　　　　　▲ 水晶绿

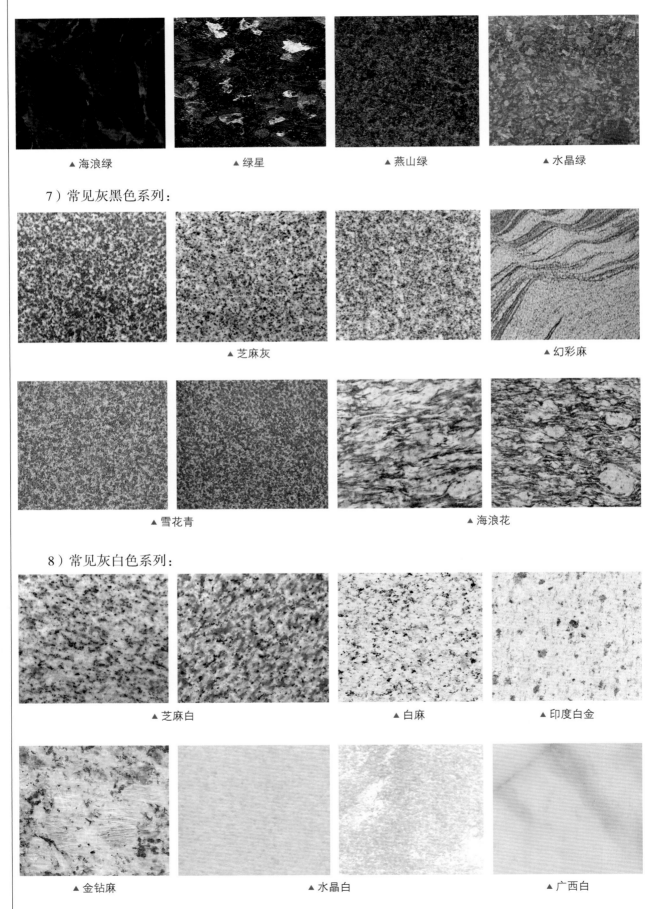

▲ 海浪绿　　　▲ 绿星　　　▲ 燕山绿　　　▲ 水晶绿

7）常见灰黑色系列：

▲ 芝麻灰　　　▲ 幻彩麻

▲ 雪花青　　　▲ 海浪花

8）常见灰白色系列：

▲ 芝麻白　　　▲ 白麻　　　▲ 印度白金

▲ 金钻麻　　　▲ 水晶白　　　▲ 广西白

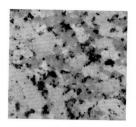
▲ 银钻麻

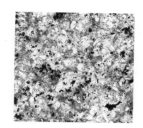
▲ 珍珠蓝

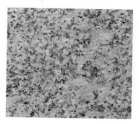
▲ 湖北白麻

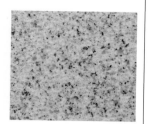
▲ 山东白麻

（3）花岗岩的评价方法

加工好的成品石材，其质量好坏可以从以下四个方面来鉴别：

一观，即肉眼观察石材的表面结构。一般来说，均匀的细料结构的石材具有细腻的质感，为石材之佳品；粗粒及不等粒结构的石材，其外观效果较差，力学性能也不均匀。此外，天然石材中由于地质作用的影响，常在其中产生一些细脉和微裂隙，石材最易沿这些部位发生破裂，应注意剔除。至于缺棱少角的更是影响美观，选择时尤应注意。

二量，即量石材的尺寸规格。以免影响拼接或造成拼接后的图案、花纹、线条变形，影响装饰效果。

三听，即听石材的敲击声音。一般而言质量好的、内部致密均匀且无显微裂隙的石材，其敲击声清脆悦耳；反之，若石材内部存在显微裂隙或细脉，或因风化导致颗粒间接触变松，则敲击声粗哑。

四试，即用简单的试验方法来检验石材质量的好坏。通常在石材的背面滴上一小滴墨水，若墨水很快四处分散浸出，即表示石材内部颗粒较松或存在显微裂隙，石材质量不好；反之则说明石材致密，质地良好。

在花岗岩成品板材的挑选上，由于石材原料是天然的，不可能质地完全相同，多数石材是有等级之分的，其中矿物颗粒越细越好。

（4）花岗岩的加工方式

花岗岩的加工工艺主要有：锯割加工、研磨抛光、凿切加工、烧毛加工及辅助加工等。

1）研磨抛光：首先研磨校平，然后经过半细磨、细磨、精磨及抛光，使花岗岩原有的颜色、花纹和色泽充分显现出来，其表面称为抛光面。

2）凿切加工：通过劈裂、凿打、整修、研磨等过程，将花岗岩毛坯加工成所需产品，其表面可以是锥凿面、荔枝面、蘑菇面、鸡啄米面、剁斧面、拉丝面等。通常采用手工工具（如锤子、剁斧、凿子等）进行加工，有些加工过程可采用劈石机、刨石机、自动锤凿机、自动喷砂机等。

3）烧毛加工：利用花岗岩不同矿物颗粒耐热系数的差异，用火焰喷烧使其表面部分颗粒热胀松动脱落，形成起伏有序的粗饰花纹，其表面称为火烧面。

▲ 自然面（黄锈石）

▲ 蘑菇面（芝麻灰）

▲ 抛光面（芝麻灰）

▲ 光面（芝麻灰）

▲ 毛面（虾红）

▲ 火烧面（将军红）

| ▲ 荔枝面（黄锈石） | ▲ 锥凿面（高湖石） | ▲ 剁斧面（芝麻黑） | ▲ 拉丝面（青石） |

（5）花岗岩的应用

花岗岩铺设的园路既满足了使用功能，又符合人们的审美需求，可以说花岗岩是所有铺装材料中最自然的一种。质地坚实、花色多样的花岗岩，即便是未经抛光打磨，由它铺成的地面都容易被人们接受。虽然有时花岗岩的造价较高，但由于它的耐久性和观赏性均较高，所以在资金允许的条件下，花岗岩应是室外景观装饰的首选材料。

新开采的或经打磨的花岗岩应用广泛，而久置的顽石更是别有韵味，即使是花岗岩的碎片也可持续利用，同样可以铺出优美的图案，尤其是合理的布局和熟练的技术会使这种优势更加明显。

3. 文化石

文化石分为天然和人造两大类，其材质坚硬、色泽鲜明、纹理丰富、风格各异，能够将石材的内涵与艺术性充分展示出来。其表面形式包括平板、蘑菇面、开槽、乱形板等，主要用于贴面装饰，其中乱形板也可用于自然地面铺装。

（1）天然文化石——是开采于自然界的石材矿，其中的板岩（页岩）砂岩、石英石等经过加工，成为一种装饰建材。天然文化石具有抗压、耐磨、耐火、耐寒、耐腐蚀、吸水率低等特点。

（2）人造文化石——是采用硅钙、石膏等材料精制而成的。其模仿天然石材的外形纹理，具有质地轻、色彩丰富、不霉、不燃、便于安装等特点。

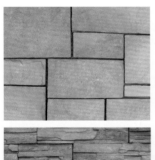   

4. 卵 石

卵石分为天然卵石和机制卵石两大类，通常用于铺设小路或小溪底面，与石板、砖块混合铺设，形成较好的艺术效果，也可作为树穴、下水道的覆盖物。

（1）天然卵石——是由风化岩石经水流长期冲刷搬运而成的、粒径为 6~20cm 的无棱角的天然粒料，鹅卵石、雨花石等都属于天然卵石。

（2）机制卵石——是将石材碎料通过机器打磨加工形成的卵石，海峡石、洗米石等都是机制卵石。

▲ 天然卵石　　　　　　▲ 卵石旱溪　　　　　　▲ 卵石铺地

▲ 雨花石　　　　　　▲ 鹅卵石铺地　　　　　　▲ 水洗石路面

▲ 各种色泽人工豆石

5. 其它石材

（1）青石——是地壳中分布广泛的一种在海湖盆地生成的灰色或灰白色沉积岩，是碳酸盐岩中重要的组成岩石。面呈青灰色，新鲜面为深灰色，块状及条状构造；其吸水率 ≤ 0.75%，弯曲强度 ≥ 10.0MPa，光泽度 60 左右，密度 280kg/m^3。

（2）页岩——是一种沉积岩，成分复杂，但都具有薄页状或薄片层状的节理，主要是由黏土沉积经压力和高温形成的岩石。页岩其中混杂有石英、长石的碎屑以及其它化学物质，根据其混入物的成分，可分为钙质页岩、铁质页岩、硅质页岩、炭质页岩、黑色页岩、油母页岩等。

▲ 青石（火烧面）

由于页岩形成于静水的环境中，因而常存在于湖泊、河流三角洲地带，在海洋大陆架中也有页岩的形成。

（3）砂岩——是呈粉末状的沉积岩，主要用于贴面、地面铺装、石质栏杆、雕塑品的胚体等。

砂岩按颜色分为黑砂、青砂、黄砂和红砂等，其中黑砂岩最硬，青砂岩次之，黄砂岩、红砂岩较软。

砂岩按表面加工工艺分为毛面、自然面、蘑菇面、荔枝面、蜂包面、斩假面等。

▲ 页岩（自然面）

（4）砂砾——有白砂砾、灰砂砾、黄砂砾等，常被用于枯山水中以象征水体。

▲ 黄砂岩——木纹石　　　▲ 灰砂岩——木纹石　　　▲ 砂岩景墙贴面　　　▲ 砂岩地面铺装

▲ 白砂砾（粗）　　　▲ 白砂砾（细）　　　　　▲ 砂砾应用于枯山水

8.1.4　人造石材

　　人造石材是一种新型的人工合成的复合材料，因其具有无毒性、无放射性、阻燃性、不黏油、不渗污、抗菌防霉、耐磨、耐冲击、易保养、拼接无缝、任意造型等优点，正逐步成为装饰建材市场上的新宠。

　　（1）人造石材的特点
　　1）外观——表面光洁，无气孔，色彩美丽，基体表面有颗粒悬浮感，具有一定的透明度。
　　2）物理、化学性能——具有足够的强度、刚度、硬度，尤其是耐冲击性、抗划痕性好。
　　3）耐久性——具有耐气候老化、尺寸稳定、抗变形以及耐骤冷骤热性。
　　（2）人造石材的种类
　　1）按照所用黏结剂分为：有机类人造石材和无机类人造石材。
　　2）按照生产工艺过程分为：聚酯型人造大理石、复合型人造大理石、硅酸盐型人造大理石和烧结型人造大理石。
　　3）人造石材的具体品种有：翡翠石、玛瑙石、水晶石、亚克力石、仿大理石、仿花岗岩、彩云石、透光石、夜光石、反光石、颗粒石、地面石等。
　　（3）人造石材的应用范围：透光吊顶、透光背景墙、异型灯饰、灯柱、地面透光立柱、透光吧台、透光艺术品摆放及各种造型别致的台面、摆件等。

8.2 木 材

自古以来，木材被广泛应用于景园的装饰之中。采用木材作装饰材料的最大优点就是给人以柔和、亲切的感觉，所以常用木块或栈板代替砖、石铺装，比如由截成几段的树干构成踏步石、由一些栈木铺设地面；尤其是在休息区内放置桌椅的地方，与坚硬冰冷的石质材料相比，木材的优势更加明显。

在规则式的园林中，常利用油漆或涂料将木材染色，借以强化木质铺装的地位，突出了规则式景园的严谨。而在自然式园林中，经常使用的是木质铺装的天然色彩，这样不仅与设计风格完美结合，观赏价值也很高，并且可与格架、围栏粗犷的轮廓形成对比。

8.2.1 木材的结构

从外观看，树木主要分为三部分：树冠、树干和树根，用于装饰材料的主要是树干部分。树干是由韧皮部（树皮）、形成层、木质部和髓心四个部分组成。木质部是树干最主要的部分，也是木材使用的主要部分。髓心是位于树干中心的柔软薄壁组织，其松软、强度低、易干裂和腐朽。

木材结构中还需了解以下几个概念：

（1）年轮：从木材横切面上可看到颜色深浅不同的同心圆，称为年轮。

（2）春材和夏材：年轮内侧颜色较浅部分是春天生长的，其组织疏松、材质较软，称为春材（早材）；年轮外侧颜色较深部分是夏、秋两季生长的，其组织致密、材质较硬，称为夏材（晚材）。树木的年轮越均匀、密实，其材质越好；夏材（晚材）所占比例越多，其强度就越高。

（3）心材和边材：从木材横切面上看，木质部靠近髓心部分颜色较深，称为心材；靠近外围部分颜色较浅，称为边材；边材的含水率高于心材，容易翘曲。

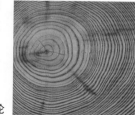

▶ 木材年轮

8.2.2 木材的性质

（1）木材的优缺点：木材具有质量轻、韧性好、耐冲击、易着色、保温性好、易加工、装饰性好、天然环保等优点，木质景观小品能给人以冬暖夏凉和健康舒适的感觉。但木材存在生长缓慢、成材时间长、内部构造不均匀、易吸水吸湿、易翘曲变形、易虫蛀、易腐朽、易燃烧、天然瑕疵多等缺点。

（2）表观密度：木材的表观密度一般在 400~600kg/m³，表观密度越大，其湿胀干缩变化也越大。

（3）含水率：木材细胞壁内充满吸附水，达到饱和状态；当细胞腔和细胞间隙中没有自由水时的含水量，称为纤维饱和点，一般介于 25%~35%，它是木材物理力学性质变化的转折点。

（4）湿胀与干缩：当木材含水率在纤维饱和点以上变化时，木材的体积不发生变化；当木材的含水率在纤维饱和点以下时，随着干燥，体积收缩；反之，干燥木材吸湿后，体积将发生膨胀，直到含水率达到纤维饱和点为止。一般表观密度大、夏材含量多的，胀缩变形大。由于木材构造的不均匀性，造成各个方向的涨缩值不同，其中纵向收缩小，径向较大，弦向最大。

（5）吸湿性：木材具有较强的吸湿性，木材在使用时其含水率应接近或稍低于平衡含水率，即木材所含水分与周围空气的湿度达到平衡时的含水率；长江流域一般为 15%。

（6）力学性质：当含水率在纤维饱和点以下，木材强度随含水率增加而降低。木材的天然疵病会明显降低木材的强度。

8.2.3 木材的分类

（1）木材按产地分为国内原木和国外原木。

常用国外原木有红橡木、白橡木、桉木、菠萝格、沙比利、桃花心木、雪松、红杉、辐射松（新西兰松)、花旗松(黄杉)、美国南方松(长叶松、短叶松、湿地松和火炬松)等。

（2）木材按树叶形状的不同，分为针叶树木材和阔叶树木材两大类。

针叶树的树干通直高大、纹理顺直、材质均匀较软、易于加工，故又称为"软木材"。其表观密度和胀缩变形较小，耐腐性较强，是主要的建筑用材，用于各种承重构件、门窗、地面铺装和立面装饰工程。常用的树种有红松、油松、落叶松、华山松、赤松、樟子松、马尾松、杉木、水杉、云杉、冷杉等。

▲ 杉木林

阔叶树树干的密度大、材质较硬、难加工，故又名"硬木材"。其胀缩和翘曲变形大，易开裂，建筑上常用作尺寸较小的构件，如制作家具、胶合板等。阔叶树木材的种类多，统称杂木。其中材质轻软的称软杂，国内原木如毛白杨、泡桐、梧桐、桦木、桤木等；材质硬重的称硬杂，国内原木如香樟、苦槠、青冈栎、榆木、榉木、椴木、楸木、白蜡、胡桃、鹅掌楸、麻栎等；非常坚硬的木材则称硬木，国内原木如红木(酸枝木)、柚木、檀木(红檀、紫檀)、水曲柳、柳桉木、黄杨木等。

▲ 杉木原条

（3）木材按照加工程度和用途的不同，分为原条、原木、锯材和枕木四类。

原条是指除去皮、根、树枝等，但尚未加工成材的木料，主要用于建筑工程的脚手架、建筑用材、家具等。

原木是指已加工成规定长度和直径的圆木段，常用于建筑工程、桩木、电杆、胶合板等加工用材。

锯材是指经过锯切加工的木料。截面宽度为厚度3倍或3倍以上的称为板材，不足3倍的称为方材。

枕木是指按枕木断面和长度加工而成的方材，主要用于铁道工程。

▲ 花旗松原木　　　　▲ 辐射松（新西兰松）原木

8.2.4　木材的处理措施

要减轻或避免木材小品的翘曲、变形、开裂、掉漆和褪色等现象，重点在于选材、加工处理与保养。如制作木质园林小品应尽量选用硬质木材；留有足够的时间用于木材的干燥、油漆和防腐处理；在使用过程中应加强保养，每年雨季或冬季来临前，使用油漆等防护剂进行保养处理。

木材是天然有机物，会随着时间推移逐步氧化、腐朽。为了延长木制景观小品在户外环境中的使用寿命，在加工制作前需进行适当的防腐处理。简单而费用低廉的方法有两种：一是自然风干，二是进行简单的干燥或蒸馏等处理。

通过对木材进行真空负压渗透和加压处理，将防腐药剂渗入木材内部，这是目前最好的防腐处理方法。其处理工艺为：木材装入处理罐→关闭罐门→抽真空→注入防腐剂→升压、保压→解压→排液→真空→出罐。

8.2.5　木材的用途

木材的用途分为直接使用和经过化学或特殊加工处理后使用。

木材直接使用的有建筑、坑木、电柱、枕木、家具、体育器械、文教用品、工艺雕刻、装饰、包装、人造板等。经过化学处理或特殊加工后使用的有造纸、人造丝、再生纤维素、硝化纤维素、醋酸纤维素、乙基纤维素、羟基纤维素、苯基纤维素等。

在园林景观建设中，木材在构筑方面的用途主要是：用于舫、榭、庙等古建筑中，松木桩可用作水下固定支柱。此外，木材还用于亭、廊、栈桥、亲水平台、树池、凳椅等景观小品。

8.2.6 常用装饰板材

（1）木质地板

木质地板是采用天然木材经多道工序加工而成的板材，具体分为实木条木地板、实木拼花木地板、实木复合地板、强化复合地板四种。

1）实木条木地板：条板宽度一般不大于120mm，板厚为20~30mm。按条木地板构造分为空铺和实铺两种；木条拼缝可做成平头、企口或错口，端头接缝要相互错开。实木条木地板自重轻、弹性好、脚感舒适，其导热性小，冬暖夏凉，易于清洁，适用于室内地面装饰。

2）实木拼花木地板：采用小木板条不同方向的组合，拼出多种图案花纹，常用的有正芦席纹、斜芦席纹、人字纹、清水砖墙纹等。拼花小木条的尺寸一般为长250~300mm，宽40~60mm，板厚20~25mm，木条一般均带有企口。

3）深度碳化户外木地板：是采用高温对木材进行热解处理，降低木材组分中羟基的浓度，从而降低木材的吸湿性和内应力，减少木材的变形，抑制腐朽菌的生长，提高木材的耐腐性能，达到耐候防腐之目的。

4）防腐处理户外木地板：为了长期维持木材原有的强度和美观，对其进行防腐、防蚁处理，从而大幅度地提高使用性，延长使用寿命。板材厚度通常为30~70mm。

5）木塑户外地板：是以塑料和木质纤维为原料，采用特殊工艺（如挤出、压模、注塑等）加工成型的一种复合材料。具备天然纤维和塑料的特点，耐水性能优良，吸水率仅木材的千分之几，耐磨性是木材的3~10倍。

▲ 实木拼花木地板

与实木地板相比，具有防水、防潮、防虫、防白蚁、不开裂、高阻燃、后期维护成本低等特点。

6）实木复合地板：采用两种以上的材料制成，表层为5mm的厚实木，中层由多层胶合板或中密度板构成，底层为防潮平衡层经特制胶高温及高压处理而成。

7）强化复合地板：由三层材料组成，面层由三氧化二铝和合成树脂组成，中间层为高密度纤维板，底层为涂漆层或纸板。

（2）人造板材

1）胶合板：是用原木旋切成薄片（厚1mm），再按照相邻各层木纤维互相垂直重叠，并且成奇数层经胶粘热压而成。胶合板最多层数有15层，一般常用的是三合板或五合板。其厚度为2.7mm、3mm、3.5mm、4mm、5mm、5.5mm、6mm，自6mm起按1mm递增。胶合板面积大，可弯曲，两个方向的强度收缩接近，变形小，不易翘曲，纹理美观，应用十分广泛。

▲ 胶合板

2）贴面装饰板：是将花纹美丽、材质悦目的珍贵木材经过刨切加工成微薄片，以胶合板为基层，经过干燥、拼缝、涂胶、组坯、热压、裁边等工序制成的特殊胶合板。常用于吊顶、墙面、家具等。

3）纤维板：是将树皮、刨花、树枝等木材加工的下脚碎料或稻草、秸秆、玉米杆等经破碎、浸泡、研磨成木浆，加入一定的胶粘剂，经热压成型、干燥处理而成的人造板材。因成型时温度和压力的不同分为硬质纤维板（表观密度大于800kg/m³）、半硬质纤维板（表观密度400~800kg/m³）、软质纤维板（表观密度小于400kg/m³）。主要用于家具制作等。

▲ 纤维板

4）刨花板：是将木材加工剩余物（小径木、木屑等）切削成碎片，经过干燥，拌以胶料、硬化剂，在一定温度下压制而成的人造板。刨花板强度较低，主要用作绝热、吸声材料以及吊顶、隔墙、家具等。

5）木工板：又称为木芯板，属于特种胶合板，由3~5层木板黏压。上、下面层为旋切木质单板，芯板是由短小木板条拼接而成。常用规格有1830mm×915mm×16mm、2440mm×1220mm×19mm。木工板具有较高的强度和硬度，轻质，耐久，易加工，常用于家具、门窗套、隔墙、基层骨架等。

6）木塑复合板：是以塑料板为基板，优质木材薄片板为面板，采用防水黏结剂将塑料基板和木材薄片面板黏合成一体。它不仅克服了普通多层木材复合板易受潮变形、强度较差、隔音欠佳等缺点，而且节约了大量宝贵的天然木材，其表面仍保持了优质木材的天然质朴美，施工也与多层木材复合板同样便利，是一种价廉物美的室内外装潢板材。

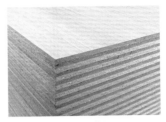

▲ 刨花板

▲ 木工板

附：防腐处理户外用木材常用品种与应用实例

▲ 红松　　　▲ 南方松　　　▲ 花旗松　　　▲ 樟子松　　　▲ 铁杉　　　▲ 金丝柏

▲ 红榉木　　　▲ 红橡木　　　▲ 樱桃木　　　▲ 胡桃木　　　▲ 铁刀木　　　▲ 山楂木

▲ 泰国柚木　　　▲ 菠萝格　　　▲ 印尼菠萝格　　　▲ 非洲菠萝格　　　▲ 紫檀木　　　▲ 水曲柳

▲老挝柚木

▲金丝柚

▲柳桉木

▲红柳桉

▲沙比利

▲新西兰松

▲防腐柳桉木木亭

▲防腐红松木廊架

▲防腐南方松木平台地垄

▲防腐樱桃木院门

▲白橡木桌椅

▲防腐红榉木木平台

8.3 竹 材

　　竹子体轻质坚，皮厚中空，抗弯力强，浑身展现出力学美。竹子的收缩量很小，而弹性和韧性极强，顺纹抗压强度为 8000N/m^2，顺纹抗拉强度为 18000 N/m^2；其中刚竹的顺纹抗拉强度达 28330 N/m^2，享有"植物钢铁"之美称。

　　在园林景观中，竹子常被做成篱笆，起到分割空间、装饰环境的作用；使用竹子材料制成的凉亭、绿廊、花架等也具有独特的造型装饰效果；竹子还能制作胶合板、地板、贴面板、花窗及各种样式的家具等，应用十分广泛。

▲ 毛竹林　　　　　　　　▲ 黄金嵌碧玉竹　　　　　　　　▲ 慈孝竹

▲ 紫竹竿　　　　　　　　▲ 竹制胶合板（薄）　　　　　　▲ 竹制胶合地板

▲ 竹制装饰板　　　　　　▲ 竹制胶合板（厚）　　　　　　▲ 竹制胶合地板

▲ 竹编花窗　　　▲ 竹制鸟笼　　　▲ 竹制家具　　　▲ 竹制窗帘

8.4 装饰砖

虽然砖、瓦是人工材料，但其原料是泥土，因此能与自然环境相和谐。

砖块可以砌筑墙体、花坛及铺装道路等。作为一种户外铺装材料，砖具有许多优点，通过正确的配料和精心的烧制，砖能接近混凝土般的坚固、耐久，且拼接形式多种多样，可以变换出许多图案，效果也自然与众不同。

砖块适用于小面积的铺装，如景园里的小园路、小拐角、不规则边界或石块、石板无法发挥作用的地方，砖就可以增加景观的趣味性。由于砖块小巧，适宜于铺设弯曲的小路，且能形成丰富的纹理。砖还可以作为其它铺装材料的镶边或收尾，比如在大块石板之间，砖可以形成视觉上的过渡。

砖铺地面施工简便，形式风格多样。许多特殊类型的砖体可以满足特殊的铺贴要求，创造出特殊的效果，比如供严寒地区使用的铺砖，它们的抗冻、防腐能力较强。不仅如此，砖还可以改变尺寸，以适用于特殊地块。用砖为露台砌边是一种比较成功的做法，由于这种铺法减轻了外层铺装的压力，所以结构比较稳固。

装饰砖的品种较多，常用的有釉面砖、透水砖、文化砖、广场砖、草坪砖、橡胶地砖等

（1）**釉面砖**——是一种在砖的表面经过施釉处理的砖。一般来说，釉面砖比抛光砖色彩和图案丰富，同时起到防污的作用。但因为釉面砖表面是釉料，所以耐磨性不如抛光砖。

釉面砖适用于建筑物的内部装饰，也有作为耐酸槽用，还适用于厨房、卫生间、阳台等。厨房应该选用亮光釉面砖，不宜用亚光釉面砖，因油渍进入砖面之中，很难清理。

▼▲釉面砖

（2）**透水砖**——又名荷兰砖、苏布洛克砖，是一种砖体本身具有较强吸水功能的路面砖。当砖体吸满水时水分就会向地下排去，能有效避免场地积水。但是这种砖的排水速度很慢，在暴雨天气几乎起不了作用。

1）普通透水砖：为普通碎石的多孔混凝土材料经压制成形，用于一般街区人行步道、广场，是一般化的铺装品。

2）聚合物纤维混凝土透水砖：材质为花岗岩骨料、高强水泥和水泥聚合物增强剂，并掺合聚丙烯纤维，送料配比严密，搅拌后经压制成形，主要用于市政工程和住宅小区的人行步道、广场、停车场等场地的铺装。

3）彩石复合混凝土透水砖：材质面层为天然彩色花岗岩、大理石与改性环氧树脂胶合，再与底层聚合物纤维

▼▶透水砖

多孔混凝土经压制复合成形。此产品面层华丽，色彩天然，有如石材一般的质感；与混凝土复合后，强度高于石材，是一种经济、高档的铺地产品。主要用于豪华商业区、大型广场、酒店停车场和高档别墅小区等场所。

4）彩石环氧通体透水砖：材质骨料为天然彩石与进口改性环氧树脂胶合，经特殊工艺加工成形。此产品可预制，也可以现场浇制，并可拼出各种艺术图形和色彩线条，给人们一种赏心悦目的感受。主要用于豪华商业区和高档别墅小区。

（3）**文化砖**——是因为其表面粗糙或者造型特别，并有一定的抽象内涵或具有艺术性，而称之为文化砖。

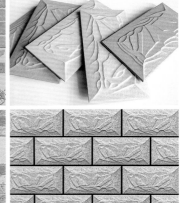

▲ 文化砖

（4）**仿古砖**——是从彩釉砖演化而来，实质上是上釉的瓷质砖。与普通的釉面砖相比，其差别主要表现在釉料的色彩上面。仿古砖属于普通瓷砖，与瓷砖基本相同，主要用于建筑物室内外装饰。

▲ 仿古砖

（5）**水晶砖**——属于玻化砖的一种，其材质已经达到了纳米技术。水晶砖的烧制温度要求比一般的玻化砖还要高。表面光滑透亮、质地坚硬耐磨如水晶，故名水晶砖。多用于室内装潢、地面铺装等。

▲ 水晶砖

（6）**广场砖**——属于耐磨砖的一种，砖体体积小，色彩简单，砖面多采用凹凸面的形式。具有防滑、耐磨、修补方便等特点，主要用于公园广场、小区公共场所的铺装。

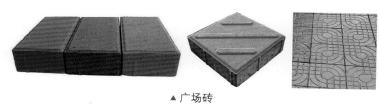

▲ 广场砖

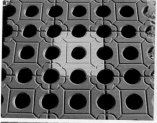

◀▲ 草坪砖

（7）**草坪砖**——是一种四周坚硬牢固、中间留有空间可以填土种植草坪的砖材，起到广场铺装和绿化的双重作用。适用于停车场、人行道、消防通道、高尔夫球道、屋顶花园和斜坡固坡护堤等，尤其适合于各类居住小区、办公楼的停车场，也可在运动场周围、露营场所和草坪上建造临时停车场。

（8）**橡胶地砖**——是一种以再生胶为原料，以高温硫化的方式制成的一种新型地面装饰材料。具有防滑、减震、耐磨、抗静电、不返光、疏水性好、耐候性强、抗老化、寿命长等特点，多用于运动场地和少儿活动场所。

▲ 橡胶地砖

（9）**盲道砖**——是为盲人提供行路方便和安全的道路设施。盲道砖一般分为两类，一类是条形引导砖，引导盲人放心前行；一类是带有圆点的提示砖，提示盲人前面有障碍，该转弯了。

▲ 盲道砖

8.5 玻　璃

在现代景观装饰中玻璃的应用非常普遍，玻璃能够充分体现现代感及科技感。
玻璃的种类很多，包括普通玻璃、特种玻璃以及玻璃砖、玻璃马赛克等

8.5.1 普通玻璃

（1）平板玻璃

1）3~4厘（mm也称为厘）玻璃：这种规格的玻璃主要用于画框表面。

2）5~6厘玻璃：主要用于外墙窗户、门扇等小面积透光造型等。

3）7~8厘玻璃：主要用于室内屏风等较大面积但又有框架保护的造型之中。

4）9~10厘玻璃，可用于室内大面积隔断、栏杆等装饰项目。

5）11~12厘玻璃：可用于地弹簧玻璃门和一些活动人流较大的隔断之中。

6）15厘以上玻璃：一般市面上销售较少，往往需要订货，主要用于较大面积的地弹簧玻璃门或外墙整块玻璃墙面。

▲ 平板玻璃茶几

▲ 平板玻璃

▲ 平板玻璃墙面

（2）钢化玻璃

钢化玻璃是平板玻璃经过再加工处理而成的一种预应力玻璃。具有抗冲击强度高、抗弯强度大、热稳定性好以及光洁、透明等特点。在遇超强冲击破坏时，碎片呈分散细小颗粒状，无尖锐棱角，故属于安全玻璃。适用于防爆灯具、电器、电话机视窗、自来水表、仪表盘、指针式温度计等。

▲ 钢化玻璃受损状况

▲ 钢化玻璃

（3）磨砂玻璃

磨砂玻璃是在平板玻璃上面再磨砂加工而成。一般厚度在9mm以下，以5~6mm厚度居多。多用于工艺玻璃品上。

（4）喷砂玻璃

喷砂玻璃的性能基本上与磨砂玻璃相似，不同的是改磨砂为喷砂。多用于工艺玻璃品上。

▲ 嵌花磨砂玻璃

▲ 磨砂玻璃隔墙

▲ 喷砂玻璃隔墙

▲ 喷砂玻璃

（5）压花玻璃

压花玻璃又称花纹玻璃或滚花玻璃，是采用压延方法制成的一种平板玻璃。其最大的特点是透光不透明，适用于建筑的室内间隔、卫生间门窗及需要阻断视线的各种场合。

▲ 压花玻璃应用

▲ 压花玻璃

8.5.2 特种玻璃

（1）夹丝玻璃

夹丝玻璃是采用压延方法，将金属丝或金属网嵌于玻璃板内制成的一种具有抗冲击的平板玻璃，受撞击时只会形成辐射状裂纹而不致于坠下伤人。一般使用于高层楼宇或震荡性强的厂房以及屋顶天窗、阳台窗等。

▲ 夹丝平板玻璃

▲ 夹丝平板玻璃

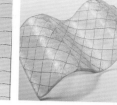
▲ 夹丝热弯玻璃

▲ 夹丝玻璃应用

▲ 夹胶玻璃

▲ 夹胶玻璃应用

（2）夹胶玻璃

夹胶玻璃是在两片或数片浮法玻璃中间夹以强韧 PVB（乙烯聚合物丁酸盐）胶膜，经热压机压合并尽可能地排出中间空气，然后放入高压蒸汽釜内采用高温高压将残余的少量空气溶入胶膜而成。主要适用于采光棚、宾馆门窗、动物园、水族馆等对安全有特殊要求的场所。

（3）夹层玻璃

夹层玻璃一般由两片普通平板玻璃（也可以是钢化玻璃或其它特殊玻璃）和玻璃之间的有机胶合层构成。当受到破坏时，碎片仍黏附在胶层上，避免碎片飞溅对人体的伤害。多用于有安全要求的装修项目。

（4）中空玻璃

中空玻璃多采用胶接法将两块玻璃保持一定间隔，间隔中是干燥的空气，周边用密封材料密封而成，主要用于有隔音要求的装修项目之中。

（5）电热玻璃

电热玻璃是将电加热元件烧结到玻璃上或采用特殊工艺结合到玻璃上的一种安全玻璃，通电后能起到加温、除雾、除霜的作用。

（6）热弯玻璃

热弯玻璃是由平板玻璃加热软化在模具中成型，再经退火制成的曲面玻璃。在一些高级装修中出现的频率越来越高。

（7）防爆玻璃

防爆玻璃是利用特殊的添加剂和中间的夹层加工而成的特种玻璃，即使玻璃打破也不会轻易掉落，因此大大减少对人员的伤害。可以两块玻璃中间加特殊材料或一块玻璃加特殊材料做成，可以做成透明的、各种颜色的、各种规格、各种图案花纹的安全艺术玻璃。适用于银行门窗、阳台护栏、沙发背景、衣柜门等。

（8）防弹玻璃

防弹玻璃实际上是夹层玻璃的一种，只是构成的玻璃多采用强度较高的钢化玻璃，而且夹层的数量也相对较多。多用于银行或者豪宅等对安全要求非常高的装饰工程之中。

▲ 夹层玻璃

▲ 夹层嵌花玻璃

▲ 夹层玻璃应用

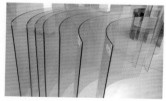
▶ 热弯钢化玻璃

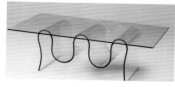
◀ 热弯钢化玻璃（茶几基座）

8.5.3　其它玻璃

（1）空心玻璃砖

空心玻璃砖由两块半坯在高温下熔接而成，中间为干燥的空气，是一种隔音、隔热、防水、节能、透光良好的非承重装饰材料。多用于装饰性项目或有保温要求的透光造型之中，装饰效果高贵典雅、富丽堂皇。

▲ 空心玻璃砖　　　　　　　　　　　　　　　▲ 空心玻璃砖应用

（2）玻璃纸（也称玻璃膜）

玻璃纸具有多种颜色和花色，根据纸膜的性能不同而具有不同的性能。绝大部分起到隔热、防红外线、防爆等作用。

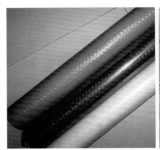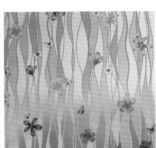

▲ 各种款式玻璃纸

（3）玻璃马赛克

玻璃马赛克具有色调柔和、朴实典雅、美观大方、冷热稳定性好等优点，而且还有不变色、不积尘、容重轻、粘结牢等特性。多用于室内局部、阳台外侧装饰。

▲ 各种款式玻璃马赛克

8.6 涂料油漆

涂料，在中国传统上称为油漆。我国涂料界比较权威的《涂料工艺》一书是这样定义的："涂料是一种饰面材料，这种材料可以用不同的施工工艺涂覆在物件表面，形成粘附牢固、具有一定强度、连续的固态薄膜。这样形成的膜通称涂膜，又称漆膜或涂层"。古代大多以植物油为主要原料，故被叫做"油漆"。而在现代建筑所使用的涂料与油漆的概念是不等同的，其成分、作用与使用对象也是不同的。

8.6.1 涂料

建筑涂料是指涂刷于建筑物表面，能与基体材料很好粘接，形成完整而紧韧的保护膜的一类物质。

1. 涂料的组成

涂料的组成成分，按所起的作用分为主要成膜物质、次要成膜物质、溶剂和助剂四部分。主要成膜物质是指胶粘剂或固着剂，是决定涂料性质的最主要组分，多属于高分子化合物或成膜后能形成高分子化合物的有机物质；次要成膜物质主要包括颜料和填充料，颜料增加涂料的色彩和机械强度，填充料是一种白色粉状的无机物质；溶剂又称为稀释剂，是一种能挥发的液体，具有溶解成膜物质的能力，可降低涂料的黏度，常用的有石油溶剂、煤焦溶剂、酯类、醇类等。助剂能改善涂料的性能，如干燥时间、柔韧性、抗氧化、抗紫外线作用等，常用的有催干剂、增塑剂、固化剂、防污剂、润滑剂等。

2. 涂料的分类

按使用部位可分为外墙涂料、内墙涂料、顶棚涂料；
按使用功能可分为防火涂料、防水涂料、防霉涂料；
按所用的溶剂可分为溶剂型涂料和水溶性涂料；
按主要成膜物质的化学组成可分为有机高分子涂料、无机高分子涂料和复合高分子涂料。

3. 常用涂料简介

（1）有机高分子涂料

1）溶剂型涂料：其优点是涂膜细腻而紧韧，并且有一定耐水性和耐老化性。但易燃，挥发后对人体有害，污染环境，在潮湿基层上施工容易起皮，剥落，且价格较贵。

▲ 溶剂型涂料

2）水溶性涂料：无毒，不易燃，价格便宜，有一定的透气性，施工时对基层的干燥度要求不高，但耐水性，耐候性和耐摩擦和耐擦洗性较差，只用于内墙装饰。

3）乳液型涂料：乳液型涂料又称为乳胶漆，价格比较便宜，不易燃，无毒，有一定透气性，耐水性，耐擦洗性觉好，涂刷时不要求基层很干燥，可做内外墙建筑涂料，是今后建筑涂料发展主流。

（2）无机高分子涂料

无机高分子涂料的优点在于资源丰富，工艺简单，价格便宜，对环境污染程度低；黏结力高，遮盖力强，对基层处理的要求较低；耐刷洗，耐热、耐久性好，无毒，不燃，色彩丰富。

（3）有机—无机复合涂料

有机—无机复合涂料可使有机、无机涂料发挥各自的优势，取长补短，对于降低成本、改善性能、适应新要求提供了一条新途径。

▲ 水溶性涂料

8.6.2　油　漆

油（性）漆是以有机溶剂为介质或高固体无溶剂的涂料。

（1）油漆的功能

1）保护功能：防水、防油、防腐、耐强光、耐高温、耐化学品等。

2）装饰功能：表面光泽、多种颜色、多样图案等。

3）其它功能：标记、防污、绝缘等。

（2）油漆的种类

1）按产品形态分为：溶剂型、无溶剂型、分散型、水乳型和粉末型。

2）按油漆作用分为：打底漆、防锈漆、防火漆、耐高温漆、头道漆和二道漆。

3）按施工方法分为：刷漆、喷漆、烘漆和电脉漆。

4）按使用部位分为：木器漆、金属用漆和地坪漆。

（3）油漆的主要产品

1）清漆，俗称凡立水，是一种不含着色物质的涂料。主要成分是树脂和溶剂或树脂、油和溶剂。涂于物体表面后，形成具有保护、装饰和特殊性能的涂膜，清漆的涂膜是透明的。清漆分为热固性清漆和热塑性清漆两类。用于家具、地板、门窗及汽车等的涂装；也可加入颜料制成瓷漆，或加入染料制成有色清漆。

2）清油，又称为熟油，以亚麻油等干性油加部分半干性植物油制成的浅黄色粘稠液体。一般用于厚漆和防锈漆，也可单独使用。清油能在改变木材颜色基础上保持木材原有花纹，一般主要做木制家具底漆。

3）厚漆，又称为铅油，是采用颜料与干性油混合而成，需加清油溶剂。厚漆遮覆力强，与面漆粘接性好，用于涂刷面漆前打底，也可单独制作面层涂刷。

4）防锈漆，对金属等物体进行防锈处理的涂料，在物体表面形成一层保护层。其分为油性防锈漆和树脂防锈漆两种。

5）磁漆，也称作瓷漆，又称瓷油，是以清漆为基础加入颜料等经研磨而制成的涂料。磁漆的特点是经涂装后形成的涂膜坚硬光亮，因像瓷釉而得名。由于对涂膜光泽的需要而对涂料中的颜色料用量有限制，因而遮盖力是其主要指标。常用的磁漆有酚醛磁漆、醇酸磁漆、丙烯酸磁漆、聚氨酯磁漆、过氯乙烯磁漆和硝基磁漆等。

▲ 防锈漆

6）聚脂漆，是以聚酯树脂为主要成膜物制成的一种厚质漆。聚脂漆的漆膜丰满，层厚面硬。聚脂漆同样拥有清漆品种，叫聚脂清漆。聚脂漆施工过程中需要进行固化，这些固化剂的份量占油漆总份量的三分之一。这些固化剂也称为硬化剂，其主要成分是 TDI（甲苯二异氰酸酯）。这些处于游离状态的 TDI 会变黄，不但使家具漆面变黄，同样也会使邻近的墙面变黄，这是聚脂漆的一大缺点。目前市面上已经出现了耐黄变聚脂漆，但也只能说"耐黄"而已，还不能做到完全防止变黄的情况。此外，超出标准的游离 TDI 还会对人体造成一定的伤害。

▲ 聚酯漆

7）特殊漆，空气喷涂是目前油漆涂装施工中采用得比较广泛的一种涂饰工艺。空气喷涂是利用压缩空气的气流，流过喷枪喷嘴孔形成负压，使涂料从吸管吸入，经喷嘴喷出，形成漆雾，漆雾喷射到被装饰部件表面上形成均匀的漆膜。空气喷涂可以产生均匀的漆膜，涂层细腻光滑；对于较隐蔽部件（如缝隙、凹凸）也可均匀地喷涂。但此种方法的漆料利用率较低，大约只有 50%~60% 的利用率。

09 绿化工程材料

LVHUA GONGCHENG CAILIAO

园林植物能够吸收二氧化碳、释放氧气，并能在一定程度上吸收有害气体、吸附尘埃，故能净化空气，减少污染；还可以调节空气的温度、湿度，改善小气候，减弱噪音，防风固沙等；尤为重要的是园林植物的形态美、叶色美、花果美以及诱人的花香，让人赏心悦目，有益于人们的身心健康。

园林绿化工程是指在新建或改造的各类绿地上，按照规划设计和施工技术要求，进行土壤改造、地形整理、园林植物栽植以及栽后的养护管理，从而创造出优美的景观环境，并充分发挥其生态功能和效益。

园林绿化工程所用到的材料，主要有植物种植土壤、园林植物材料、大树支撑材料、夏季遮阳材料、冬季保温材料、养护管理机具以及化肥、农药等。

9.1　植物种植土壤

　　在园林绿化工程中，植物种植用土是工程的一个重要项目，是工程的先行。它不仅关系到施工的进度，更主要的是关系到植物的成活与生长，关系到园林景观的艺术效果以及环境保护等功能的发挥。因此，植物种植用土（土方工程）既要有景观效果的艺术性，又要求适合所栽植物生长发育的科学性。同时，作为绿化工程先行的基础项目，要为后续各项工程的顺利进行创造条件。

　　在园林景观土建工程结束之后、园林植物种植之前，要对绿化场地进行适当的改造。按照利用为主、改造为辅的原则，充分利用原有的自然地形栽种树木花草。不宜大挖、大堆、大填，采取就低挖池、就高堆山的方式，巧为安排利用，自然协调成景。

　　在进行地形改造时，对质地优良的表层土壤尽可能充分利用，这不仅节约造园成本，更有利于植物的成活与生长。在整理地形时，对栽种植物范围内的土壤进行全面翻耕，一般深翻 30~50cm；去除石块、树根、草根等杂物，特别是一些建筑垃圾和市政建设的废弃物等，使土质更适合于植物生长；有的还需先施有机肥料，并翻耕入土，以供栽后植物吸收、生长健壮。

　　在乔木、灌木栽植之后，栽种花卉、铺草皮之前，还必须对种植土再一次精耕细整，使土壤细碎平整；并尽可能加入一些营养土，使土质疏松、营养丰富，符合栽种植物的生长要求。

▲ 挖机搬土

▲ 地形营造

▲ 翻耕整理

▲ 袋装营养土

▲ 土壤改良（拌入营养土）

9.2 园林植物材料

园林植物材料包括木本植物和草本植物。

木本植物根据其叶片的形态特征，分为针叶树和阔叶树；根据其叶片冬季是否落叶，分为常绿树和落叶树；又根据其有无明显主干和树体高度，分为乔木、小乔木和灌木。

草本植物根据其生态习性，分为旱生、中生、湿生和水生草本植物；又根据其生长周期分为一年生、二年生和多年生（宿根、球根）草本植物。

1. 常用园林植物名录

01	常绿针叶乔木与灌木
	雪松、日本五针松、黑松、湿地松、火炬松、马尾松、白皮松、杉木、柳杉、台湾杉、日本冷杉、东方杉、南方红豆杉、南洋杉、罗汉松、三尖杉、粗榧、香榧、柏木、圆柏、龙柏、塔柏、侧柏、洒金千头柏、日本花柏、北美香柏、匍地柏、匍地龙柏、匍地金叶桧
02	落叶针叶乔木
	金钱松、水杉、池杉、落羽杉、水松
03	常绿阔叶乔木
	香樟、浙江樟、紫楠、红楠、天目木姜子、女贞、桂花(八月桂、四季桂)、广玉兰、乐昌含笑、深山含笑、金叶含笑、四川含笑、木莲、红花木莲、乐东拟单性木兰、云山白兰、杜英、秃瓣杜英、枇杷、杨梅、柚、冬青、红果冬青、大叶冬青、苦槠、甜槠、青冈栎、樟叶槭、红翅槭、银荆树、花榈木、榕树、竹柏
04	常绿阔叶小乔木与灌木
	山茶花、茶梅、美人茶、红花油茶、厚皮香、杜鹃、含笑、海桐、大叶黄杨、金边大叶黄杨、银边大叶黄杨、金心大叶黄杨、火棘、小丑火棘、石楠、椤木石楠、红叶石楠、罗城石楠、石斑木、枸骨、无刺枸骨、花叶枸骨、柊树、花叶柊树、龟甲冬青、金叶龟甲冬青、珊瑚树（法国冬青）、柑橘、金桔、胡颓子、金边胡颓子、檵木、红花檵木、香港四照花、蜡杨梅、夹竹桃、栀子花、小叶栀子花、十大功劳、阔叶十大功劳、南天竹、火焰南天竹、云南黄素馨、小叶女贞、金叶女贞、金森女贞、花叶女贞、小蜡、银姬小蜡、瓜子黄杨、雀舌黄杨、六月雪、金边六月雪、银边六月雪、金丝桃、八角金盘、熊掌木、桃叶珊瑚、洒金桃叶珊瑚、蚊母树、小叶蚊母树、六道木、南方六道木、大花六道木、金叶大花六道木、黄金茶、滨柃、菲吉果、荚蒾、南京荚蒾、地中海荚蒾
05	落叶阔叶乔木
	银杏、鹅掌楸、北美鹅掌楸、杂交马褂木、山玉兰、白玉兰、红玉兰、二乔玉兰、黄玉兰、天目玉兰、望春玉兰、厚朴、凹叶厚朴、檫木、日本樱花、山楂、枫香、北美枫香、一球悬铃木（美国梧桐）、二球悬铃木（英国梧桐）、三球悬铃木（法国梧桐）、中国梧桐（青桐）、毛白杨、加拿大杨、意大利杨、垂柳、旱柳、金丝柳、胡桃、枫杨、薄壳山核桃、合欢、山合欢、槐树、刺槐、无患子、南酸枣、栾树、黄山栾树、榆树、榔榆、金叶榆、垂枝榆、朴树、珊瑚朴、榉树、构树、喜树、七叶树、乌桕、重阳木、江南桤木、四川桤木、杜仲、苦楝、香椿、臭椿、野鸭椿、山桐子、刺楸、白蜡、洋白蜡、梓树、黄金树、三角枫、元宝枫、秀丽槭、青榨槭、色木槭、毛脉槭、美国复叶槭、日本黄栌、黄连木、四照花、灯台树、柿、浙江柿、老鸭柿、日本甜柿、枣、枳椇、珙桐、蓝果树、白花泡桐、紫花泡桐

06	落叶阔叶小乔木
	梅、樱桃、日本晚樱、花桃（碧桃）、桃、紫叶桃、李、红叶李、海棠、垂丝海棠、西府海棠、湖北海棠、石榴、花石榴、紫薇、鸡爪槭、红枫、丁香、紫丁香、桑树、无花果
07	落叶阔叶灌木
	蜡梅、结香、紫玉兰、紫荆、迎春、金钟花、锦带花、金银忍冬、木绣球、月季、月月红、榆叶梅、重瓣榆叶梅、珍珠梅、铁梗海棠、木瓜、郁李、棣棠、重瓣棣棠、花叶棣棠、绣线菊、牡丹、木槿、海滨木槿、木芙蓉、鸡冠刺桐、单叶蔓荆、八仙花、小檗、紫叶小檗、金叶小檗
08	常绿藤本与匍匐植物
	络石、花叶络石、黄金锦络石、五彩络石、薜荔、常春藤、中华常春藤、花叶常春藤、扶芳藤、金边扶芳藤、金心扶芳藤、爬地卫矛、金银花、木香、铁线莲、蔓长春花、花叶蔓长春花
09	落叶藤本与匍匐植物
	紫藤、藤本月季、爬山虎、凌霄、美国凌霄、葡萄、猕猴桃、葛藤
10	特型植物
	苏铁、棕榈、棕竹、加拿利海枣、华盛顿棕榈、木麻黄、龙爪槐、黄金槐、羽毛枫、凤尾兰
11	观赏竹类
	毛竹、刚竹、紫竹、黄金间碧玉竹、碧玉间黄金竹、早园竹、茶秆竹、青皮竹、孝顺竹、凤尾竹、佛肚竹、罗汉竹、箬竹、阔叶箬竹、菲白竹、菲黄竹
12	水生植物
	荷花、睡莲、王莲、凤眼莲、再力花、千屈菜、菖蒲、花菖蒲、水烛、伞草、芦竹、花叶芦竹、水葱、花叶水葱、慈姑、水生鸢尾、海寿花、梭鱼草、芦苇、蒲苇、水竹草、狐尾藻、荇菜、田字萍
13	一二年生草本植物
	矮牵牛、三色堇、金盏菊、万寿菊、孔雀草、雏菊、百日菊（元宝花）、银叶菊、虞美人、一串红、鸡冠花、凤仙花、石竹花、长春花、夏堇、四季秋海棠、醉蝶花、金鱼草、美丽月见草、千日红、紫罗兰、羽衣甘蓝、紫叶甜菜、彩叶草、红绿草
14	多年生宿根植物
	菊花、芍药、鸢尾、玉簪、萱草、紫茉莉、松果菊、羽扇豆（鲁冰花）、荷包牡丹、蜀葵、天竺葵、宿根福禄考、射干、马齿苋、紫露草、落新妇、毛地黄、飞燕草、天门冬、白花三叶草、马蹄金
15	多年生球根植物
	芭蕉、美人蕉、大丽菊、郁金香、花毛茛、百合、石蒜、朱顶红、葱兰、韭兰、红花酢酱草、紫叶酢酱草
16	多年生常绿草本植物
	麦冬草、金边阔叶麦冬、吉祥草、兰花三七、白芨、紫鸭跖草、旱金莲、美女樱、荷兰菊、黄金菊、大花金鸡菊、吊兰、金边吊兰
17	多年生草坪植物
	马尼拉、百慕大、矮生百慕大、狗牙根、结缕草、高羊茅、黑麦草、翦股颖

2. 苗木出圃工作

（1）掘苗

1）常绿苗木、落叶珍贵苗木、特大苗木、不易成活的苗木以及有其它特殊质量要求的苗木，应带土球起掘。

2）苗木的适宜掘苗时期，按不同树种的适宜移植物候期进行。

3）起掘苗木时，若土壤过于干燥，需在起苗前 3~5 天浇足水。

4）裸根苗木掘苗的根系幅度应是其干径的 6~8 倍。

5）带土球苗木掘苗的土球直径应为其干径的 6~8 倍；土球厚度应为土球直径的 2/3 以上。

6）苗木起掘后应立即修剪根系；根径达 2.0 cm 以上的应进行药物处理，同时适度修剪地上部分枝叶。

7）裸根苗木掘取后，应防止日晒，及时进行遮荫、保湿等技术处理。

▲ 树苗起挖

（2）包装

1）裸根苗木起运之前，应适度修剪枝叶、绑扎树冠，并用保湿材料覆盖和包装。

2）带土球苗木掘取后应立即包装，做到土壤湿润、土球规范、包装结实、不裂不散。

3）其它包装材料、规格和方法可由各地自行规定。

▲ 土球包扎

（3）运输

1）苗木产品必须及时运输。在运输途中应专人养护，保持苗木有适宜的温度和湿度，防止苗木暴晒、雨淋及二次机械损伤。

2）苗木产品在装卸过程中应轻拿轻放，保持苗木完好无损、无污染。装卸机具应有安全、卫生的技术措施。

3）苗木产品的体量过大或土球直径超过 70 cm 以上，可使用吊车等机械装卸。

（4）假植或贮存

1）苗木产品运到栽植地应及时进行定植。

2）苗木产品掘起后，当不能及时外运或运送到目的地不能及时定植时，应进行临时性假植或贮存处理。

3）当苗木产品秋冬季起苗后要到翌春才能栽植时，应进行越冬性假植或贮存处理。

▲ 树苗修剪

▲ 树苗修剪

▲ 树苗假植

9.3　大树支撑材料

为防止大树种植后被风刮倒，须对大树进行支撑固定。常用材料有竹材、木材、钢管、塑钢等。大树支撑的方式有两脚扁担形支撑、三脚桩支撑、四脚桩支撑、多脚桩支撑以及连体形支撑等。

▲扁担形支撑（竹竿）

▲三脚桩支撑（竹竿）

▲四脚桩支撑（木桩）

▲多脚桩支撑（竹竿）

▲四脚桩支撑（钢管）

▲四脚桩支撑（钢管）

▲连体形支撑（竹竿）

9.4　夏季遮阳材料

为了避免夏季烈日对园林植物的伤害，提高新栽种植物的成活率，在夏日高温时节需对一些植物进行遮阳防护。常用遮阳材料为黑色的遮阳纱，其规格（密度）根据透光率的不同分为高密度遮阳纱、中密度遮阳纱、低密度遮阳纱等。在使用时可以根据各种植物对透光率的需要而选择不同密度的遮阳纱。

▲高密度遮阳纱

▲新栽大树夏季遮阳保护

▲苗圃幼苗夏季遮阳保护

9.5 冬季保温材料

有些园林植物的抗寒性较差，故在冬季需采取保温防寒措施。常用保温材料有玻璃、塑料薄膜、麻布、稻草等。这些材料可以单独使用，也可以组合使用，以提高保温效果。

▲ 塑料薄膜连体大棚

▲ 塑料薄膜大棚

▲ 冬季塑料薄膜覆盖保温

▲ 玻璃温室（不耐寒植物越冬保护）

▲ 冬季稻草包裹保温

▲ 冬季黑纱包裹保温

9.6 养护管理机具

园林植物栽后养护管理是绿化工程的一项重要工作，它关系到植物的成活与生长以及景观效果的好坏。在日常养护管理中常用的机械和工具有：洒水车、水管、修枝剪、手锯、割草机、喷药机、喷雾器以及喷灌设备等。

▲ 洒水车

▲ 浇水管

▲ 夏季消防管喷水抗旱

▲ 大树养护喷雾设施

▲ 割灌机

▲ 手推式割草机

▲ 修枝剪、手锯等

▲ 柴油动力喷药机

▲ 灌木修剪　　　　　　　　　　　▲ 背包式喷雾器　　　　　　　　　　▲ 小型肩背式割草机

9.7　肥料与农药

　　为了促使园林植物生长健壮，每年都需要对植物进行施肥管理。所用肥料应根据各种植物的特性和不同季节而定，常用的有尿素（N 肥、速效）、碳酸氢铵（N 肥、速效）、磷肥（慢效）、钾肥（慢效）、复合肥（含 NPK、慢效）等。对于尿素等速效肥，一般应用于春季、夏季，施肥时间最好选择在阴雨天，或者施放后立即浇水稀释，以免浓度太高而伤害植物；磷肥、钾肥、复合肥等慢效肥，一般不受季节和天气的限制，最适宜的施肥方法是结合松土，将其拌入土壤之中，以免雨水冲刷流失。

　　有些园林植物抗病虫危害能力较弱，应当注意观察，及时喷施农药进行防治。所用农药需根据不同植物的病害、虫害的具体情况而定。对于园林绿地内的杂草处理，可以采取人工拔除的方法，也可以采用喷洒除草剂的方式。用于草坪除草的除草剂，必须选用具有选择性杀草功能（专杀阔叶草）的除草剂（如二钾四氯钠等），而不能用无选择性的草甘膦、百草枯等；无选择性除草剂一般用于路边、大树下非绿地杂草的喷杀。

▲ 给草坪施放尿素　　　▲ 给灌木施放复合肥　　　▲ 复合肥　　　　　　　▲ 大树移栽激活液

参考书目

1. 孟兆祯等 . 园林工程 . 北京：中国林业出版社，2010

2. 董三孝 . 园林工程施工与管理 . 北京：中国林业出版社，2009

3. 彭军，高颖 . 景观材料与构造 . 天津：天津大学出版社，2011

4. 赵岱 . 园林工程材料应用 . 南京：江苏人民出版社，2011

5. 邹原东 . 园林建筑构造与材料 . 南京：江苏人民出版社，2012

6. 赵晨洋 . 景园建筑材料与构造设计 . 北京：机械工业出版社，2012

7. 易军 . 园林工程材料识别与应用 . 北京：机械工业出版社，2009

8. 王树栋 . 园林建筑 . 北京：气象出版社，2004

9. 区伟耕 . 园林建筑 . 乌鲁木齐：新疆科学技术出版社，2006

10. 何礼华，汤书福 . 常用园林植物彩色图鉴 . 杭州：浙江大学出版社，2012